"十三五"职业教育系列教材

电气设备控制与检修

（第二版）

主　编　李树元　孟玉茹

副主编　曹芳菊　马军强

编　写　王贵兰　李立君　于敏丽　陈　丽

主　审　邹有明

U0246686

中国电力出版社
CHINA ELECTRIC POWER PRESS

内 容 提 要

本书是为适应国家高职高专示范院校建设电气自动化技术类专业的教学改革，即"过程导向、任务驱动"的需要而编写的。全书主要包括基本项目和拓展项目两大模块。基本项目包括异步电动机直接起动控制与实现、三相异步电动机正反转控制与实现、三相异步电动机 Y/D 起动控制与实现、绕线式电动机转子串电阻起动控制与实现、三相异步电动机反接制动控制与实现、CA6140 型车床电气控制与实现、X62W 型万能铣床电气控制与实现、20/5t 桥式起重机电气检修。拓展项目有三相异步电动机能耗制动控制与实现、双速电动机电气控制与实现、Z3040 型摇臂钻床电气控制与实现、M7130 型平面磨床电气控制与实现。

本书主要作为高职高专院校电气自动化技术类专业、机电一体化专业及相关专业的教材，也可作为函授教材和工程技术人员参考用书。

图书在版编目（CIP）数据

电气设备控制与检修 / 李树元，孟玉茹主编. —2 版. — 北京：中国电力出版社，2016.5（2025.1重印）
"十三五"职业教育规划教材
ISBN 978-7-5123-8985-4

Ⅰ. ①电… Ⅱ. ①李… ②孟… Ⅲ. ①电气设备－自动控制系统－高等职业教育－教材②电气设备－设备检修－高等职业教育－教材 Ⅳ. ①TM762②TM64

中国版本图书馆 CIP 数据核字（2016）第 042472 号

中国电力出版社出版、发行

（北京市东城区北京站西街 19 号 100005 http://www.cepp.sgcc.com.cn）
北京天泽润科贸有限公司印刷
各地新华书店经售

*

2009 年 1 月第一版
2016 年 5 月第二版 2025 年 1 月北京第九次印刷
787 毫米×1092 毫米 16 开本 10.5 印张 252 千字
定价 25.00 元

前　言

随着高职高专教学改革的深入，以及国家示范院校建设的展开，具有职业教育特色的教材建设成为国家示范院校建设的一项重要内容。

本书以能力本位教育为指引、以职业技能标准为依据、以适应社会需求为目标、以培养技术应用能力为主线，借鉴了德国职业教育理念，融入了新加坡职业教育思想，本着以"工学结合、行动导向、任务驱动、学生主体"的学习领域开发思路。全书贯穿"资讯、决策、计划、实施、检查、评估"教学六步法，符合知识够用、能力为本的职业教育特点。

《电气设备控制与检修》第一版自 2009 年 1 月出版以来已重印多次。作者根据最新的教材建设需要，以及教学过程中教和学的体会，对本书进行相关内容的修改和完善。

本次修订力求论述更为准确，内容更加丰富，保留了理论实践一体化的特点，增加了双速电机控制电路的制作以及基础知识部分的理论考核内容，构建一个理论考核与实践能力考核相结合的模式，将中高级电工职业资格认证体系嵌入在课程中，保证了教学要求与岗位技能要求的对接。

本书共分两大模块，由十二个项目组成。全书由李树元、孟玉茹主编，李树元统稿。其中，项目一、二由孟玉茹编写，项目三由陈丽编写，项目四由于敏丽编写，项目五、九由马军强编写，项目六由李立君编写，项目七、十、十二由李树元编写，项目八由王贵兰编写，项目十一由曹芳菊编写。

本书由河南理工大学邹有明主审，并提出了许多宝贵建议，在此表示衷心的感谢。在编写过程中，河北多个企业部分专家提出了许多宝贵意见，同时还参阅了部分相关教材及技术文献内容，在此一并表示衷心感谢。

书中不足之处，恳请广大读者给予批评指正。

编　者

2016 年 4 月

目　　录

前言

项目一　异步电动机直接起动控制与实现 ……………………………………… 1

项目二　三相异步电动机正反转控制与实现 …………………………………… 23

项目三　三相异步电动机 Y/D 起动控制与实现 ……………………………… 35

项目四　绕线式电动机转子串电阻起动控制与实现 …………………………… 47

项目五　三相异步电动机反接制动控制与实现 ………………………………… 60

项目六　CA6140 型车床电气控制与实现 ……………………………………… 71

项目七　X62W 型万能铣床电气控制与实现 …………………………………… 84

项目八　20/5t 桥式起重机电气检修 …………………………………………… 101

项目九　三相异步电动机能耗制动控制与实现 ………………………………… 117

项目十　双速电动机电气控制与实现 …………………………………………… 125

项目十一　Z3040 型摇臂钻床电气控制与实现 ……………………………… 134

项目十二　M7130 型平面磨床电气控制与实现 ……………………………… 147

参考文献 ……………………………………………………………………… 161

项目一　异步电动机直接起动控制与实现

 **知识目标**

（1）了解刀开关、熔断器、热继电器、接触器、按钮的结构和参数、动作原理，掌握选择方法。

（2）了解电气原理图、电气元件布置图、电气安装接线图的绘制原则。

（3）了解三相异步电动机起动和点动控制电路的动作原理。

能力目标

（1）能够绘制三相异步电动机点动和直接起动电路的原理图、接线图。

（2）能够制作电路的安装工艺计划。

（3）会按照板前明配线工艺进行线路的安装、调试和检修。

（4）会作检修记录。

知识准备

电器是能够根据外部信号要求，手动或自动地接通或断开电路，实现对电路进行切换、控制等操作的元件或设备。电器按照用途分类可分为低压配电电器和低压控制电器；按照工作方式分类可分为自动和手动电器；按照执行机构分类可分为有触点和无触点的电器。本项目用到的刀开关、熔断器是配电电器，热继电器、接触器、按钮是有触点的控制电器。

一、低压刀开关

低压刀开关是一种手动电器，应用于配电设备作隔离电源用，也用于不频繁起动的小功率笼型感应电动机的直接起动。刀开关的典型结构如图 1.1 所示，其由手柄、触刀、静插座、铰链支座和绝缘底板等组成，依靠手动来实现触刀和静插座的通断。

1. 刀开关的分类

刀开关按刀的极数分为单极、双极和三极；按转换方向分为单投（HD）和双投（HS）；按操动方式分为直接手柄操动、杠杆操动机构式和电动操动机构式。常用刀开关有 HD 系列和 HS 系列，均用于不频繁地接通和分断电路。刀开关的型号及意义如下：

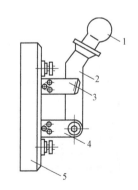

图 1.1　刀开关典型结构

1—手柄；2—触刀；3—静插座；

4—铰链支座；5—绝缘底版

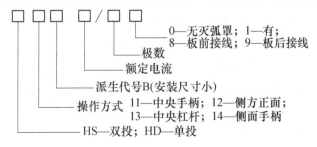

0—无灭弧罩；1—有；
8—板前接线；9—板后接线

极数

额定电流

派生代号B(安装尺寸小)

操作方式　11—中央手柄；12—侧方正面；
13—中央杠杆；14—侧面手柄

HS—双投；HD—单投

2．刀开关的主要技术参数

额定电压、额定电流、动稳定电流、热稳定电流（使用说明书中给出）等都是刀开关的主要技术参数。额定电压和额定电流是刀开关正常工作时允许加的电源电压和通过的电流。动稳定电流是电路发生短路时，刀开关不发生变形、损坏或触刀自动弹出之类的故障的电流值。热稳定电流是指发生短路故障时，刀开关（在一定时间 1s）并不会因温度急剧升高而发生熔焊现象的电流值。

3．刀开关的选择

（1）根据安装环境选择刀开关的形式。

（2）刀开关的额定电流和电压大于安装地点的线路电流和电压。

（3）校验动稳定性和热稳定性。

4．常用低压刀开关

（1）胶盖刀开关。其是开启式负荷开关，在 50Hz、220/380V、额定电流 100A 以下电路中，用于分断小容量负载电流和小容量短路电流。其型号及意义如下：

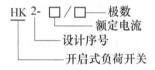

HK2 型胶盖开关三极的有 15、30、60、100A 等额定电流等级，两极的有 10、15、30、60A 等额定电流等级。

（2）熔断器式刀开关。其是载熔元件作动触点的隔离开关，用于 AC600V、约定发热电流 630A 的高短路电流的配电系统和电动机电路中，做隔离开关和短路保护。熔断器式刀开关的型号和意义如下：

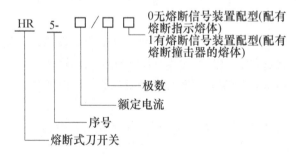

HR5 型熔断式刀开关的主要技术参数见表 1.1。

表 1.1　　　　　　　　　　　　　HR5 型熔断式刀开关的主要技术参数

额定工作电压（V）	380		660	
约定发热电流（A）	100	200	400	630
熔体电流值（A）	4～160	80～250	125～400	315～630
熔断体号	00	1	2	3

5. 刀开关的电路符号（见图 1.2）

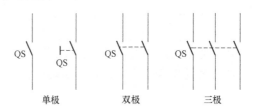

单极　　　　双极　　　　三极

图 1.2　刀开关的电路符号

二、低压熔断器

熔断器是一种用于过载与短路保护的电器，当超出限定值的电流通过熔断器的熔体时将其熔化而分断电路。熔断器主要由熔体、触点插座和绝缘底板等部分组成。熔断器的核心部分是熔体，常做成丝状或片状，其材料有两类：一类为低熔点材料，如铅锡合金；另一类为高熔点材料，如银、铜、铝等。熔断器接入电路时，熔体被串接在电路中，负载电流流经熔体，由于电流的热效应使温度上升，当电路发生过载或短路时，电流大于熔体允许的正常发热电流，使熔体温度急剧上升，超过其熔点而熔断，将电路切断，有效地保护了电路和设备。

1. 低压熔断器的类型

熔断器按照结构不同分为瓷插式、封闭管式、螺旋式等；按照保护特性不同分为具有限流特性和不具有限流特性两种。熔断器的型号和意义如下：

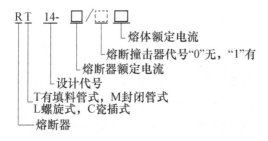

2. 低压熔断器的主要参数

额定电压：熔断器长期工作或分断后能承受的电压。

额定电流：各部件温升不超过规定值所能承受的电流。

极限分断能力：在规定电压和功率因数条件下，能分断的最大短路电流值。

3. 低压熔断器的选择

（1）根据安装环境选择熔断器的形式。

（2）熔断器的额定电压大于安装地点的线路电压。

（3）熔断器的额定电流大于内部熔丝的额定电流，熔丝的额定电流由被保护电路或设备确定。

照明线路或没有冲击电流的负载电路，熔丝电流大于等于线路电流，即

$$I_{\text{FU}} \geqslant I$$

电动机类负载考虑冲击电流的影响，熔丝电流的计算式为

$$I_{\text{FU}} \geqslant (1.5 \sim 2.5)I_{\text{N}}$$

保护多台电动机的熔断器，熔丝电流的计算式为

$$I_{FU} \geqslant (1.5 \sim 2.5)I_{Nmax} + \sum I_N$$

式中：I_{Nmax} 为额定电流最大那台电动机的额定电流；$\sum I_N$ 为除去额定电流最大那台设备的其他设备额定电流之和。

（4）熔断器的分断能力大于电路出现的最大故障电流。

（5）前后熔断器之间符合选择性配合原则，即电路故障时，据故障点最近的电源侧熔断器断开，使故障影响面最小。

4．常用低压熔断器

（1）瓷插式熔断器。其结构如图 1.3 所示。瓷插式熔断器依靠瓷插冷却灭弧，灭弧能力不高，用途是供配电系统的导线及电气设备的短路保护，民用照明短路保护。

（2）RM10 系列熔断器。其结构如图 1.4 所示。RM10 系列熔断器具有长弧切短，拉长电弧的灭弧性能和特点，灭弧能力不高。可根据熔断部位确定是短路还是过载，窄部断了就是短路，斜坡部分断了为过负荷。其用于经常发生短路和过载的场合。

（3）RT 系列填料封闭管式熔断器。其结构图如图 1.5 所示。RT 系列填料封闭管式熔断器的熔体做成栅状，有变截面小孔和锡桥，具有长弧切短，粗弧细分、冶金效应、石英砂冷却灭弧性能和特点，灭弧性能高，具有限流特性。其常用在低压配电系统中，与熔断式隔离器配合可作电动机缺相保护。

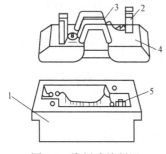

图 1.3　瓷插式熔断器

1—瓷插座；2—动触点；3—熔体；4—瓷插件；5—静触点

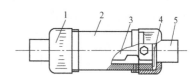

图 1.4　RM10 系列熔断器

1—铜帽；2—绝缘管；3—熔体；4—垫片；5—接触刀

（4）螺旋式熔断器。其结构如图 1.6 所示。螺旋式熔断器靠石英砂冷却灭弧，其无限流特性。其用途是配电设备、电缆和导线过载和短路保护。

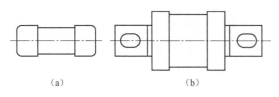

图 1.5　有填料封闭管式熔断器

（a）RT14 系列；（b）RT15 系列

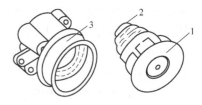

图 1.6　螺旋式熔断器

1—瓷帽；2—熔芯；3—底座

5．熔断器的电路符号（见图 1.7）

三、热继电器

热继电器的作用是负载的过负荷保护和断相保护，其结构原理图如图 1.8 所示。热继电器是利用测量元件被加热到一定程度而动作的一种继电器。热继电器的测量元件通常用双金属片，它是由主动层和被动层组成。主动层材料采用较高膨胀系数的铁镍铬合金，被动层材料采用膨胀系数很小的铁镍合金。双金属片的加热方式有直接加热、间接加热和复式加热。

直接加热就是把双金属片当作热元件，让负载电流直接通过。间接加热是用与双金属片无电联系的加热元件产生的热量来加热。复式加热是直接加热与间接加热两种加热形式的综合。双金属片受热弯曲，当弯曲到一定程度时，通过操动机构使触点动作来完成过负荷保护。

图 1.7　熔断器电路符号

1. 热继电器的类型

热继电器按照保护特性分为有断相保护和无断相保护两种类型。有断相保护功能的热继电器当负载缺相时会使触点动作断开负载电路，保护负载不缺相状态下运行。无断相保护的热继电器，负载缺相运行时不动作。带断相保护热继电器动作原理图如图 1.9 所示，它具有上下两块导板。

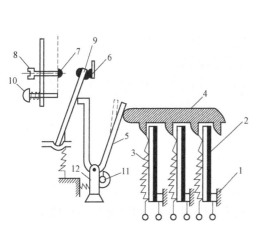

图 1.8　热继电器的结构原理图

1—接线端；2—双金属片；3—热元件；4—绝缘导板；

5—补偿双金属；6、9—动断触点；

7—动合触点；8—调整螺钉；10—复位按钮；

11—偏心轮（调 5）；12—支承件

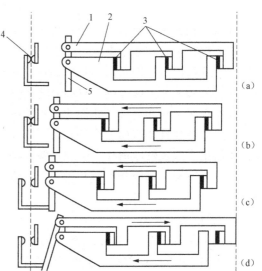

图 1.9　带断相保护的热继电器动作原理

（a）通电前；（b）三相正常通电；

（c）三相均匀过载；（d）L1 相断线

1—上导板；2—下导板；3—双金属片；

4—动断触点；5—杠杆

通电前和三相正常工作时，不动作；三相均匀过载时，双金属片的端部均向左弯曲，上下导板同时左移，达到设定值时动作。某一相断路，另两相过载，断路相阻挡上导板左移，过载相使下导板左移产生差动力作用，使杠杆扭转，继电器动作，起到断相保护作用。热继电器的型号和意义如下：

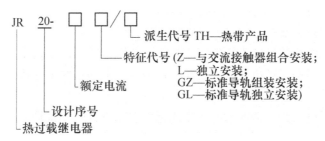

2．热继电器的主要参数

热继电器的主要技术参数有额定电压、额定电流、相数、热元件编号、整定电流调节范围、有无断相保护等。

（1）热继电器的额定电压指热继电器正常工作允许接的电源电压。

（2）热继电器的额定电流指允许装入的热元件的最大额定电流值。

（3）热元件的额定电流是指该元件长期工作允许通过的电流值。

（4）热继电器的整定电流是指热继电器的热元件允许长期通过，但又刚好不致引起热继电器动作的电流值。

3．热继电器的选择

（1）根据被保护电路的连接方式确定热继电器的形式。星接负载或电源对称性较好时用两相式或三相式热继电器，三角形接负载用三相带断相保护式。

（2）热继电器的额定电压不低于安装地点的线路电压值。

（3）热继电器的额定电流按电动机的额定电流选择。保护过载能力差的电动机的热继电器热元件的额定电流取 60%～80%电动机额定电流。

（4）短时工作和过载可能性非常小的电动机不设过载保护。

（5）双金属片热继电器用于轻载、不频繁起动的电动机的过载保护。重载、频繁起动的电动机采用过电流继电器作过载和短路保护。

（6）重要设备用手动复位热继电器。安装地点远离操作地点，且易看清过载情况的采用自动复位。

4．常用热继电器

常用的热继电器有 JRS1、JR20、JR9、JR15、JRl4 等系列，引进产品有 T 系列、3UA 系列。其中 JR20 系列具有断相保护、温度补偿、整定电流值可调、手动脱扣、手动复位、动作后的信号指示。表 1.2 列出了 JR20 系列热继电器的主要技术数据。

表 1.2　　　　　　　　　　　　　　　JR20 系列热继电器主要技术数据

型号	额定电流（A）	热元件号	额定电流调节范围（A）
JR20-10	10	1R～15R	0.1～11.6
JR20-16	16	1S～6S	3.6～18
JR20-25	25	1T～4T	7.8～29
JR20-63	63	1U～6U	16～71
JR20-100	100	1W～9W	33～176

5．热继电器的电路符号和接入电路的方式

热继电器的电路符号如图 1.10（a）、（b）所示。

三相交流电动机的过载保护大多数采用三相式热继电器，由于热继电器有带断相保护和不带断相保护两种，根据电动机绕组的接法，这两种类型的热继电器接入电动机定子电路的方式也不尽相同。

当电动机的定子绕组为星形接法时，带断相保护和不带断相保护的热继电器均可接在线电路中，如图 1.10（c）所示。采用这种方式接入电路，在发生三相均匀过载、不均匀过载乃至发生一相断线事故时，流过热继电器的电流即为流过电动机绕组的电流，所以热继电器可以如实地反映电动机的过载情况。

电动机的额定电流是指线电流。电动机在三角形接法时，额定线电流为每相绕组额定相电流的 $\sqrt{3}$ 倍。当发生断相运行时，如果故障线电流达到电动机的额定电流，可以证明，此时电动机电流最大一相绕组的电流将达到额定相电流的 1.15 倍。若将热继电器的热元件串接在三角形接法电动机的电源进线中，并且按电动机的额定电流选择热继电器，当故障线电流达到额定电流时，在电动机绕组内部，电流较大的那一相绕组的故障相电流将超过额定电流。因热继电器串在电源进线中，所以热继电器不动作，但对电动机来说存在过热危险。

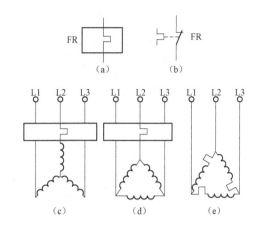

图 1.10　热继电器的电路符号和接入电路的方式
(a) 热元件；(b) 动断触点；(c) 带断相式和不带断相式；
(d) 带断相式；(e) 不带断相式

因此，当电动机定子绕组为三角形接法时，若采用普通热继电器，为了能进行断相保护，必须将三个发热元件串接在电动机的每相绕组上，如图 1.10 (e) 所示；如果采用断相式热继电器，可以采用图 1.10 (d) 的接线形式。

四、接触器

接触器是用于远距离频繁地接通和断开交直流主电路及大容量控制电路的一种自动切换电器。其主要控制对象是电动机，也可用于控制其他电力负载和电热器、电照明、电焊机与电容器组等。其依靠电磁铁带动触点动作，完成电路通断切换并具有欠压和失压保护的功能。

1. 接触器的类型

接触器根据主触点接通电流的种类分为交流接触器和直流接触器；按驱动触点系统的动力不同分为电磁接触器、气动接触器、液压接触器等。新型的真空接触器与晶闸管交流接触器正在逐步使用，目前最常见的是电磁交流接触器。

(1) 交流接触器。交流接触器的组成有：

1) 触点系统，作用是接通或断开电路。

2) 主触点，接通或断开大电流的线路（额定电流有多种可选择）。

3) 辅助触点，在控制电路中接通或断开线路（额定电流 5A），触点系统的特点是双断点桥式结构。

4) 电磁机构，将电能转换成机械能，操动触点接通或断开。其由线圈、铁心和衔铁组成，多用直动式。铁心和衔铁由电工钢片叠成，铁心上有短路环。

5) 灭弧装置，10A 以下用双断点，电动力灭弧；20A 以上用火弧栅或灭弧罩灭弧。此外，还包括反力弹簧（释放弹簧）、触点压力弹簧、传动机构和接线柱。

交流接触器的工作原理如图 1.11 所示。电磁线圈通入交流电流时，铁心 8 磁化，吸引衔铁 9 压缩反力弹簧 10，主触点和辅助触点动作。铁心上的短路环的作用是防止电磁线圈通入交流电流过零、电磁铁吸力为零时而产生的振动和噪声。

交流接触器的型号意义如下：

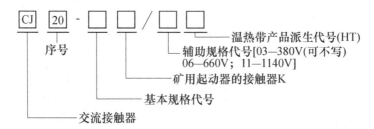

（2）直流接触器。直流接触器也是由触点系统、电磁机构、灭弧装置等组成。主触点用来接通或断开大电流电路。一般为单极或双极的指形触点。辅助触点用来通断小电流电路，采用双断点桥式触点。电磁机构的铁心和衔铁由整块铸铁或铸钢做成。线圈做成长而薄的圆筒状，以便线圈电阻产生的热量散发出去。灭弧装置采用磁吹式灭弧。直流接触器的结构原理图如图 1.12 所示。

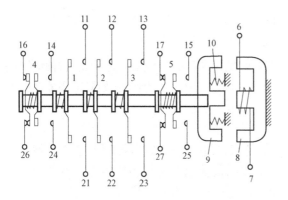

图 1.11　交流接触器的工作原理

1～3—主触点；4、5—辅助触点；6、7—电磁线圈；
8—铁心；9—衔铁；10—反力弹簧

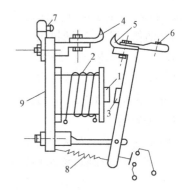

图 1.12　直流接触器的结构原理图

1—铁心；2—线圈；3—衔铁；4—静触点；
5—动触点；6、7—接线柱；8—反作用弹簧；9—底板

直流接触器的型号意义如下：

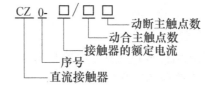

2. 接触器的主要参数

（1）额定电压指主触点的额定工作电压及辅助触点和线圈的工作电压。

（2）额定电流指主触点在额定电压和规定使用类别、工作频率时的正常工作电流。

（3）机械寿命和电气寿命用通断次数表示，一般机械寿命为 1000 万次以上，电气寿命为 100 万次以上。

（4）操作频率用每小时允许的操作次数表示，一般为 300、600、1200 次/h。

（5）接通与分断能力指主触点规定条件下能可靠接通和分断的电流值。

3. 接触器的选择

（1）接触器的类型选择，依据负载电流的种类选择用交流接触器还是直流接触器。

（2）主触点的额定电压应大于等于负载额定电压。

（3）主触点的额定电流。控制电机的接触器主触点的额定电流由经验公式计算，即

$$I_N = \frac{P_N \times 10^3}{K U_N}$$

式中：P_N 为电动机的额定功率；U_N 为电动机的额定电压；K 为经验系数 $K=1\sim1.4$。

当接触器的使用类别与控制负载的类别相同时，接触器的触点电流等级略大于负载电流。当接触器的使用类别与控制负载的类别不相同时，接触器就要降级使用。接触器的使用类别分为 AC1 控制无感或微感负载，AC2 控制绕线电动机的起停，AC3 控制笼型电动机的接入或断开，AC4 控制笼型电动机的起动、反接制动、反转、点动等项操作。

（4）接触器线圈电压的选择，当控制电路简单或用的接触器较少时，直接选 220V 或 380V。控制电路复杂，为安全起见一般选较低电压如选 127、36V。一般直流接触器用直流线圈，交流接触器用交流线圈。为提高操作频率交流接触器有时用直流线圈。

（5）触点数量和种类满足控制电路的要求。

4. 常用接触器

常用接触器 CJ20 系列为交流、直动式，结构紧凑。CJ40 系列是 CJ20 系列的革新产品，主要技术数据达到和超过国际标准，价格与 CJ20 系列相似。表 1.3 列出了部分 CJ20 系列交流接触器的主要数据。

表 1.3　　　　　　　　　部分 CJ20 系列交流接触器的主要数据

型号	额定电压（V）	额定电流（A）	AC3 使用类别下的额定控制功率（kW）	约定发热电流（A）	结构特征	机/电寿命（万次）操作频率（次/h）
CJ20-10	220	10	2.2	10	辅助触点 10A：2 动合 2 动断	1000/100 1200
	380	10	4			
	660	5.8	7.5			
CJ20-100	220	100	28	125		600/120 1200
	380	100	50			
	660	63	50			
CJ20-400	220	400	115	400	辅助触点 16A 其组合形式为：4 动合，2 动断；3 动合，3 动断；2 动合，4 动断	300/600 600
	380	400	200			

5. 接触器的电路符号（见图 1.13）

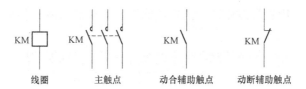

线圈　　　　主触点　　　动合辅助触点　　　动断辅助触点

图 1.13　接触器的电路符号

五、按钮

按钮的作用是远距离操纵接触器、继电器等电磁装置，或用于信号和电气连锁线路中。控制按钮一般由按钮帽、复位弹簧、动触点、静触点和外壳等组成，如图 1.14 所示。当按下按钮时，先断开动断触点，然后接通动合触点；而当松开按钮时。在恢复弹簧作用下，动合触点先断开，动断触点后闭合。

1. 按钮的类型

按钮按照结构形式不同可分为指示灯式、紧急式（突出蘑菇形钮帽）、钥匙式与旋钮式（旋转操作）四种。为防止误操作把按钮制成各种颜色，一般红色表示停止按钮，绿色表示起动按钮。

2. 按钮的主要参数和选择

按钮的主要参数是触点对数。选择按钮一般考虑触点对数、动作要求、有否带指示灯、颜色和使用场合。按钮型号和意义如下：

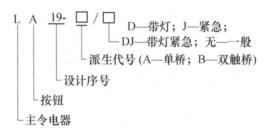

3. 常用按钮和按钮的电路符号

常用的控制按钮有 LA18、IA19、LA20、LA25 等系列。按钮的电路符号如图 1.15 所示。

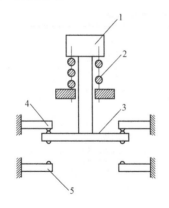

图 1.14　按钮结构示意图

1—按钮帽；2—复位弹簧；3—动触点；4—动断静触点；5—动合静触点

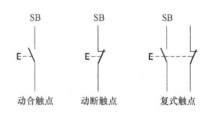

图 1.15　按钮的电路符号

六、电气图

1. 电气图的分类

（1）电气系统图，用符号或带注释的框概略表示系统的组成、各组成部分相互关系及主要特征的图样。

（2）电气原理图，根据简单清晰和便于阅读、分析控制线路的原则，采用电器元件展开的形式绘制成的图样。

（3）电气布置图，表明电气设备上所有电器元件的实际位置的图（常与电气安装接线图组合在一起表示电气安装接线情况）。

（4）电气安装接线图，按照规定的符号和图形，根据各电器元件相对位置绘制的实际接线图，表示各电器元件的相对位置和它们之间的连接。注意不仅要将同一电气设备的各个部件画在一起，而且各部件的布置尽量符合实际安装的情况。

（5）电器元件明细表，是将成套装置设备中的各组成部件的名称、型号、规格、数量列成表格，供准备材料或维修用。

2. 电气图的绘制要求

电气图绘制时不是严格按照几何尺寸和位置绘制的，是用规定的标准符号和文字表示系统或设备组成部分间的关系，这方面与机械图和建筑图有较大差距。电气图主要表达元件和连接线，连接线可用单线法和多线法，两种方法还可以在同一图中混用。电气图的图形和文字符号按照 GB 4728—2008《电气图用图形符号》规定画出。

（1）电气原理图绘制规则。

1）电气原理图在布局上采用功能布局法，即把电路划分为主电路和辅助电路，按照主电路与辅助电路从左到右或从上到下布置，并尽可能按工作顺序排列。

2）全部带电部件，都在电气原理图中表示出来。

3）电气原理图中各电器元件，一律采用国家标准规定的图形符号绘出，用国家标准文字符号标记。

4）电器元件可以采用分开表示法。

5）对于继电器、接触器、制动器和离合器等都按照非激励状态绘制；机械控制的行程开关应按其未受机械压合的状态绘制。

6）布局要合理，排列均匀。

7）电路垂直布置时，类似项目（如接触器的线圈）横对齐；水平布置时，类似项目纵向对齐。

8）电气原理图中有连接的交叉线用黑圆点表示。

复杂的电气原理图要进行图幅分区及位置索引，即在图的边框处，竖边方向用大写拉丁字母，横边方向用阿拉伯数字编号，顺序应从左上角开始，给项目和连线建立一个坐标。行的代号用拉丁字母，列的代号用阿拉伯数字。区的代号是字母和数字的组合，字母在左，数字在右。具体使用时，水平布置的图，只需标明行的标记；垂直布置的图，只需标明列的标记。区下面（或上面）的文字表示该区的元件或电路功能。接触器 KM 下面的数字依次表示主触点的图区、动合触点的图区和动断触点的图区。电器元件的数据和型号用小号字体注在电器符号下面。导线截面用斜线引出标注。图 1.16 为 C620-1 型车床电气原理图。

（2）电气布置图的绘制原则。一个自动控制系统的电气控制电路通常很复杂，因此绘制电气布置图时先根据电器元件各自安装的位置划分成几个部分，每个部分电器元件的布置应满足以下原则：

1）体积大且较重的元件应安装在电器板的下面，发热元件应安装在电器板的上面。

2）强电与弱电分开并注意弱电屏蔽，防止强电干扰弱电。

3）需要经常维护和调整的电器元件安装在适当的地方。

4）电器元件的布置应考虑整齐、美观。结构和外形尺寸相近的电器元件应安装在一起，以利于安装、配线。

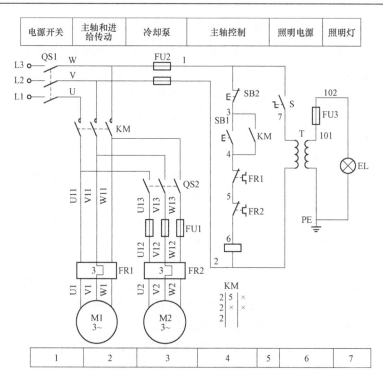

图 1.16　C620-1 型车床电气原理图

5）各种电器元件的布置不宜过密，要有一定的间距以便维护和检修。电气布置图根据电器元件的外形进行绘制，并要求标出各电器元件之间的间距尺寸及其公差范围。

6）在电气布置图中，还要根据本部件进出线的数量和导线的规格，选择进出线方式及适当的接线端子板、接插件，并按一定顺序在电气布置图中标出进出线的接线号。

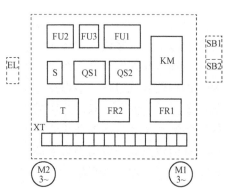

图 1.17　C620-1 型车床电气布置图

图 1.17 为 C620-1 型车床电气布置图。根据各电器的安装位置不同进行划分。本例中的按钮 SB1、SB2、照明灯 EL 及电动机 M1、M2 等没有安装在电气箱内。根据各电器的实际外形尺寸进行电器布置和选择进出线方式及接线端子。

（3）电气安装接线图的绘制原则。

1）在电气安装接线图中，各电器元件的相对位置与实际安装相对位置一致，并按统一比例尺寸绘制。

2）一个元件的所有部件画在一起，并用虚线框起来。

3）各电器元件上凡需接线的端子均应予以编号，并保证与电气原理图中的导线编号一致。

4）在电气安装接线图中，所有电器元件的图形符号、各接线端子的编号和文字符号保证与电气原理图中的一致。

5）电气安装接线图一律采用细实线。同一通道中的多条接线可用一条线表示。接线很少时，可用直接画出接线方式；接线多时，采用符号标注法就是在电器元件的接线端，标明接线的线号和走向，不画出接线。

6）在电气安装接线图中应当标明配线用的电线型号、规格、标称截面，以及穿线管的种类、内径、长度等及接线根数、接线编号。

7）安装在底板内外的电器元件之间的连线需通过接线端子板进行，并在接线图中注明有关接线安装的技术条件。图 1.18 为 C620-1 型车床电气安装接线图（符号标注法绘制）。

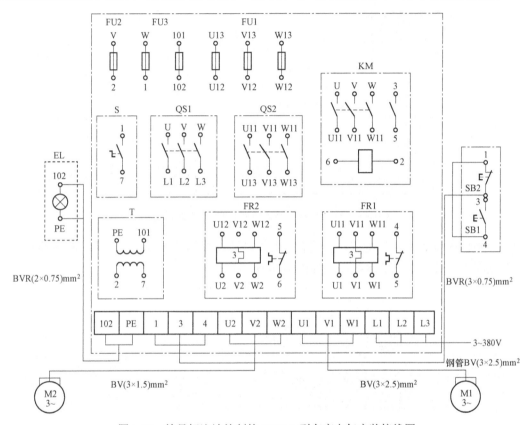

图 1.18　符号标注法绘制的 C620-1 型车床电气安装接线图

七、三相异步电动机直接起动和点动控制电路的动作原理

三相异步电动机直接起动控制电路原理图如图 1.19 所示。合上刀开关 QS，按下起动按钮 SB2，接触器 KM 线圈通电，与 SB2 并联的 KM 动合触点闭合接触器自锁，KM 主触点接通电动机的电源，电动机开始转动。按下停止按钮 SB1，接触器 KM 线圈断电，KM 主触点断开电动机的电源，电动机停止转动。电路中有熔断器作短路保护，热继电器作过负荷保护，接触器作欠压保护。

拆下与 SB2 并联的 KM 的动合触点的连线，按住起动按钮 SB2，接触器 KM 线圈通电，KM 主触点接通电动机的电源，电动机开始转动。松开 SB2 接触器 KM 线圈断电，KM 主触点断开电动机的电源，电动机停止转动，实现点动。

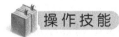 操作技能

一、三相异步电动机直接起动和点动控制电路的制作

（1）根据画电气原理图的原则和方法画出三相异步电动机直接起动和点动控制电路原理

图，如图 1.19 所示。

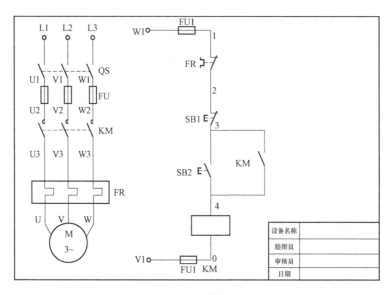

图 1.19　三相异步电动机直接起动控制电路原理图

（2）根据电气原理图、电气布置图和电气安装接线图的绘制原则，画出三相异步电动机直接起动和点动控制电路的接线图，如图 1.20 所示。

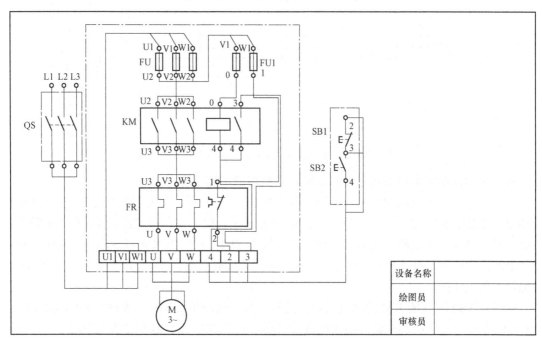

图 1.20　三相异步电动机直接起动电路接线图

（3）填写三相异步电动机直接起动和点动电器材料配置清单（见表 1.4），并领取材料。

（4）工具和仪表准备。根据电动机规格选配工具、仪表、器材等。常用工具和仪表包括测电笔、螺钉旋具、尖嘴钳、斜口钳、剥线钳、电工刀等电工常用工具；冲击钻、弯管器、套螺纹扳手等线路安装工具；绝缘电阻表（500V 或 0～500V）、钳形电流表、万用表。

（5）确定配电板底板的材料和大小，并进行剪裁。

（6）选择元件进行质量检查，然后进行电器元件定位和安装，注意与电气布置图一致。

注意

　　刀开关和熔断器的受电端朝向控制板的外侧，热继电器不要装在发热元件的上方以免影响它正常工作；为消除重力等对电磁系统的影响接触器要与地面平行安装；其他元件应排列整齐美观。

表 1.4　　　　　　　　　三相异步电动机直接起动和点动电器材料配置清单

代号	器件名称	型号规格	数量	生产厂家（备注）
QS	刀开关	HK2-15/3	1	
FU	熔断器	RT1A	5	
KM	交流接触器	CJ20-16	1	
FR	热继电器	JR20-16	1	
SB	起停按钮	LA19	1	双联按钮
M	电动机	三相异步电动机	1	7.5kW 以下
	配电板	使用面积（40×40）cm^2	1	
XT	接线端子	不少于 10 组	1	
BV	导线	铜硬导线 1mm^2	若干	

（7）配线。采用板前明配线的配线方式。导线采用 BV 单股塑料硬线时，板前明配线的配线规则：主电路的线路通道和控制电路线路通道分开布置，线路横平竖直，同一平面内不交叉、不重叠，转弯成 90°角，成束的导线要固定，整齐美观。平板接线端子时，线端应弯成羊眼圈接线；瓦状接线端子时，线端直形，剥皮裸露导线长小于 1mm 并装上与接线图相同的编码套管。每个接线端子上一般不超过两根导线。先配控制电路的线，从控制电路接电源的一侧开始直到另一侧接电源止。然后配主电路的线，从电源侧开始配起，直到接线端子处接电动机的线止。

二、三相异步电动机直接起动和点动控制电路的调试与检修

1. 调试前的准备

（1）检查电路元件位置是否正确、有无损坏，导线规格和接线方式是否符合设计要求，各种操作按钮和接触器是否灵活可靠，热继电器的整定值是否正确，信号和指示装置是否完好。

（2）对电路的绝缘电阻进行测试，连接导线绝缘电阻不小于 7MΩ，电动机绝缘电阻不小于 0.5MΩ。

2. 调试过程

（1）电路不接电源，用万用表的 Ω 挡进行测试。按住起动按钮 SB2 检查整个控制电路是否导通，若导通则正常，不导通则有断路，需要检修；按住 KM1 的衔铁，用万用表分别测量各相主电路是否导通，若导通则正常，不导通则有断路，需要检修。

（2）在不接主电路电源的情况下，接通控制电路电源。按下起动按钮检查接触器的自锁功能是否正常。发现异常立即断电检修，查明原因，找出故障，消除故障再调试，直至正常。

（3）接通主电路和控制电路的电源，检查电动机转向和转速是否正常。若正常，在电动机转轴上加负载，检查热继电器是否有过负荷保护作用。有异常立即停电查明原因，进行检修。

3. 检修

检修时常采用万用表电阻法和电压法。电压法是在线路不断电的情况下，使用万用表交流电压挡测电路中各点的电压。万用表的黑表笔压在电源中性线上，红表笔从相线开始逐点测量电压，电压正常说明红表笔经过的电器元件没有故障，否则有故障断电检修。电阻法是在电路不通电的情况下进行的，此法较安全便于学生使用。

电阻法检修时用万用表，在不通电情况下，按住起动按钮测控制电路各点的电阻值，确定故障点。压下接触器衔铁测主电路各点的电阻，确定主电路故障并排除。注意：万用表测试正常后方可通电试验。

检修举例：

（1）三相异步电动机直接起动电路接通后，接通控制电路电源，按下起动按钮接触器不动作。该情况检查步骤如下，断开电源，选择万用表欧姆挡红表笔固定在图 1.21 所示电阻测量法电路的 4 点处，按住起动按钮，黑表笔顺序接触 3、2、1、0 各点，若 $\Omega3=\infty$，为热继电器动合触点断开，应按复位按钮或修复；若 $\Omega2=\infty$，为动断按钮断开，检查并修复；若 $\Omega1=\infty$，为起动按钮不能接通电路；若 $\Omega0=\infty$，为接触器线圈电路不通，检查接线是否接好，接线良好就是线圈断，应更换接触器。电阻测量法流程如图 1.22 所示。

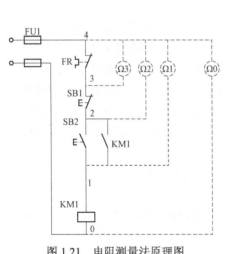

图 1.21　电阻测量法原理图

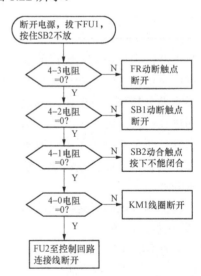

图 1.22　电阻测量法检修流程图

（2）三相异步电动机控制电路正常，接通主电路电源，电动机发出"嗡嗡"声但不起动。该故障可采用电阻测量法检修，其流程图如图 1.23 所示。

三、文件整理和记录

1. 填写检修记录单。

检修记录单一般包括设备代号、设备名称、故障现象、故障原因、维修方法、维修日期等项目，见表 1.5。记录单可清楚表示出设备运行和检修情况，为以后设备运行和检修提供依据，一定要认真填写。

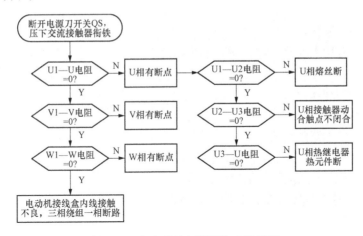

图 1.23 主电路缺相故障检查流程图

表 1.5   检 修 记 录 单

序号	代号	设备名称	故障现象	故障原因	维修方法	维修日期
1	QS	刀开关				
2	FU	熔断器				
3	KM	交流接触器				
4	FR	热继电器				
5	SB1	停止按钮				
6	SB2	起动按钮				
7	M	电动机				
8	XT	接线端子				

2. 文件存档

设备制作调试完成后，将设备的电气原理图、电气安装接线图、器件材料配置清单、检修记录等材料按顺序排好，装入档案袋存档，设备使用者，可以根据这些资料，了解设备的原理、组成设备、器件数量及生产厂家。若使用中设备出现故障修要检修，尽量使用同型号、同规格的器件。检修后填写检修记录单，将检修记录单按照填写的先后顺序排好留存。

四、安全操作

（1）初学者尽量采用"通电看现象，断电修故障"的万用表电阻测量法。

（2）在调试和检修及其他项目制作过程中，安全始终是最重要的，带电测试或检修时要经过教师同意且一人监护、一人操作，有异常现象立即停车。

（3）工作结束，要关掉电源并将万用表打到交流最高电压挡位。

（4）离开现场前要整理工作台面。

🔧 **技能训练**

一、根据任务单完成一个电动机直接起动电路的制作与检修

（1）写出制作电路的工艺过程。

（2）绘制电气原理图。

（3）绘制电气安装接线图。

（4）完成电路的制作。

（5）通电前用万用表检查电路，进行初步检修。

（6）在教师指导下通电试车、检修，使电路正常运行。

（7）完成文件整理和存档。

二、检修电路训练

（1）电动机不转电路的检修：

1）分析原理图，确定电动机不转电路的故障范围；

2）画出电动机不转电路的故障检修流程图；

3）按照故障检修流程图逐步检查确定故障点；

4）排除故障；

5）填写故障记录单并存档。

（2）电动机不能自锁故障的检修：

1）分析原理图，确定电动机不能自锁故障范围；

2）画出电动机不能自锁故障检修流程图；

3）按照故障检修流程图逐步检查确定故障点，排除故障；

4）填写故障记录单并存档。

项目考核

一、判断题

1．一定规格的热继电器，其所装的热元件规格可能是不同的。　　　　　　　（　　）

2．无断相保护装置的热继电器就不能对电动机的断相提供保护。　　　　　　（　　）

3．热继电器的额定电流就是其触点的额定电流。　　　　　　　　　　　　　（　　）

4．热继电器的保护特性是反时限的。　　　　　　　　　　　　　　　　　　（　　）

5．一台额定电压为220V的交流接触器在交流220V和直流220V的电源上均可以使用。

　　　　　　　　　　　　　　　　　　　　　　　　　　　　　　　　　　　（　　）

6．交流接触器通电后如果铁心吸合受阻，将导致线圈烧毁。　　　　　　　　（　　）

7．交流接触器铁心端面嵌有短路铜环的目的是保证动、静铁心吸合严密，不发生振动和噪声。　　　　　　　　　　　　　　　　　　　　　　　　　　　　　　　　　（　　）

8．直流接触器比交流接触器更适用于频繁操作的场合。　　　　　　　　　　（　　）

9．电气图绘制时不是严格按照几何尺寸和位置绘制的。　　　　　　　　　　（　　）

10．电气图中连接线可用单线法和多线法，两种方法还不可以在同一图中混用。（　　）

11．电气原理图布局按照主电路与辅助电路从左到右或从上到下布置，并尽可能按工作顺序排列。　　　　　　　　　　　　　　　　　　　　　　　　　　　　　　　　　（　　）

12．电路垂直布置时，类似项目纵对齐；水平布置时类似项目横向对齐。　　（　　）

13．体积大且较重的元件应安装在电器板的上面。　　　　　　　　　　　　　（　　）

14．发热元件应安装在电器板的下面。　　　　　　　　　　　　　　　　　　（　　）

15．强电与弱电应分开布置，并注意弱电屏蔽。　　　　　　　　　　　　　　（　　）

二、选择题

1. 低压电器是指（　　）电路中起通断、控制、保护和调节作用的电气设备，以及利用电能来控制、保护和调节非电过程和非电装置的用电设备。
    A. 交流 1200V 与直流 1500V 及以下　　　　B. 交流 380V 与直流 500V 及以下
    C. 交流 3000V 与直流 1000V 及以下　　　　D. 交流 10kV 与直流 3000V 及以下

2. 按（　　）不同，电磁铁可分为直流电磁铁和交流电磁铁。
    A. 吸引线圈通电电流的性质　　　　　　　B. 铁心的结构
    C. 被控电路的性质　　　　　　　　　　　D. 工作电源

3. 单相交流电磁铁铁心加装短路环的作用是（　　）。
    A. 消除振动和噪声　　　　　　　　　　　B. 增加吸力
    C. 散发热量　　　　　　　　　　　　　　D. 节能

4. 在电磁式低压电器中适用于直流灭弧的方式是（　　）。
    A. 电动力吹弧　　　　　　　　　　　　　B. 磁吹灭弧
    C. 窄缝灭弧室　　　　　　　　　　　　　D. 金属栅片灭弧装置

5. 电磁式接触器按（　　）不同，可分为直流接触器和交流接触器。
    A. 线圈通入电流的性质　　　　　　　　　B. 主触点控制电流的性质
    C. 铁心结构　　　　　　　　　　　　　　D. 工作电源的种类

6. 电磁式交流接触器的电磁系统消耗有功功率在几十到几百瓦之间，其主要是（　　）损耗，约占总消耗的 65%～75%。
    A. 铁心消耗　　　B. 短路环消耗　　　C. 线圈消耗　　　　D. 电弧消耗

7. 继电器的动作时间是指继电器线圈（　　）的时间。
    A. 从通电开始到动合触点闭合　　　　　　B. 从通电开始到动断触点断开
    C. 从断电开始到动合触点断开　　　　　　D. 从断电开始到动断触点闭合

8. 继电器有快动作、正常动作与延时动作三种，当动作时间大于（　　）时为延时动作。
    A. 0.2s　　　　　B. 0.5s　　　　　C. 1s　　　　　D. 3s

9. 热继电器的整定电流是指（　　）的电流值。
    A. 热继电器的热元件允许长期通过，但又刚好不致引起热继电器动作
    B. 允许装入的热元件的最大额定电流
    C. 一旦达到热继电器立即动作
    D. 即使超过也不会引起热继电器动作

10. 关于接触电阻，下列说法中不正确的是（　　）。
    A. 由于接触电阻的存在，会导致电压损失
    B. 由于接触电阻的存在，触点的温度降低
    C. 由于接触电阻的存在，触点容易产生熔焊现象
    D. 以上都不正确

11. 由于电弧的存在，将导致（　　）。
    A. 电路的分断时间加长　　　　　　　　　B. 电路的分断时间缩短
    C. 电路的分断时间不变　　　　　　　　　D. 分断能力提高

12. 在接触器的铭牌上常见到 AC3、AC4 等字样，它们代表（　　）。

    A．生产厂家代号　　　　　　　　　B．使用类别代号
    C．国标代号　　　　　　　　　　　D．电压级别代号

13．交流接触器在不同的额定电压下，额定电流（　　　）。
    A．相同　　　　　　　　　　　　　B．不相同
    C．与电压无关　　　　　　　　　　D．与电压成正比

14．甲乙两个接触器，若要求甲工作后方允许乙接触器工作，则应（　　　）。
    A．在乙接触器的线圈电路中串入甲接触器的动合触点
    B．在乙接触器的线圈电路中串入甲接触器的动断触点
    C．在甲接触器的线圈电路中串入乙接触器的动断触点
    D．在甲接触器的线圈电路中串入乙接触器的动合触点

15．电磁机构的吸力特征与反力特征的配合关系是（　　　）。
    A．反力特征曲线应在吸力特征曲线的下方且彼此靠近
    B．反力特征曲线应在吸力特征曲线的上方且彼此靠近
    C．反力特征曲线应在远离吸力特征曲线的下方
    D．反力特征曲线应在远离吸力特征曲线的上方

16．为了减小接触电阻，下列做法中不正确的是（　　　）。
    A．在静铁心的端面上嵌有短路铜环　　B．加一个触点弹簧
    C．触点接触面保持清洁　　　　　　　D．在触点上镶一块纯银

17．由于电弧的存在，将导致（　　　）。
    A．电路的分断时间加长　　　　　　　B．电路的分断时间缩短
    C．电路的分断时间不变　　　　　　　D．分段能力提高

18．CJ20-160 型交流接触器在 380V 时的额定工作电流为 160A，故它在 380V 时能控制的电动机的功率为（　　　）。
    A．85kW　　　　B．100kW　　　　C．20kW　　　　D．160kW

19．CJ20-160 型交流接触器在 380V 是的额定电流为（　　　）。
    A．160A　　　　B．20A　　　　C．100A　　　　D．80A

20．熔断器的额定电流与容体的额定电流（　　　）。
    A．相同　　　　B．不相同　　　　C．可相同也可不同　　　D．没关系

三、简答题

1．三相交流电磁铁有无短路环？短路环有何用处？

2．交流电磁线圈误接入直流电源，或直流电磁线圈误接入交流电，将发生什么问题？

3．熔断器和热继电器各适用于何种保护？能否互相替代？

4．热继电器的加热方式、复位方式有哪几种？

5．交流接触器由哪几部分组成？

6．快速熔断器的作用是什么？

7．直流接触器和交流接触器在结构和用途上有何不同？

8．简述热继电器的结构和作用。

9．交流接触器在吸合过程中电流在吸合前后有变化？为什么？

10．什么是接触电阻？接触电阻是怎样产生的？

11．交流接触器能否串联使用？

12．如选择熔体和熔断器的规格？

13．接触器的铭牌上常见到 AC3、AC4 等字样，它们有何意义？

14．什么叫点动控制？试分析判断图 1.24 所示各控制电路能否实现点动控制。若不能，试分析说明原因，并加以改正。

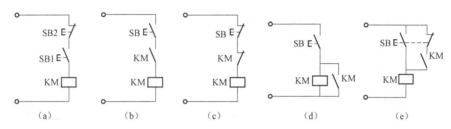

图 1.24 控制电路

15．如何选择刀开关、熔断器、热继电器和接触器？

16．如何绘制电气原理图、电气布置图和电气安装接线图？

17．配电采用板前明配线的配线规则有哪些？

18．用万用表电阻法如何对继电控制电路进行故障排查？

四、技能题

安装点动正转控制线路。

1．准备

按表 1.6 准备工具、仪表及器材。

表 1.6   工具、仪表及器材

项 目 内 容						质检要求
工具	测电笔、螺钉旋具、尖嘴钳、斜口钳、剥线钳、电工刀等电工常用工具					（1）根据电动机规格检验选配的工具、仪表、器材等是否满足要求（2）电器元件外观应完整无损，附件、备件齐全（3）用万用表、绝缘电阻表检测电器元件及电动机的技术数据是否符合要求
仪表	ZC25-3 型绝缘电阻表（500V、0～500MΩ）、MG3-1 型钳形电流表、MF47 型万用表					
器材	代号	名称	型号	规格	数量	
	M	三相笼型异步电动机	Y112M-4	4kW、380V、D 接法、8.8A、1440r/min	1	
	QF	自动空气断路器	DZ5-20/330	三极复式脱扣器、380V、20A	1	
	FU1	螺旋式熔断器	RL1-60/25	500V、60A、配熔体额定电流 25A	3	
	FU2	螺旋式熔断器	RL1-15/2	500V、15A、配熔体额定电流 2A	2	
	KM	交流接触器	CJT1-20	20 A、线圈电压 380V	1	
	SB	按钮	LA4-3H	保护式、按钮数 3（代用）	1	
	XT	端子板	TD-1515	15A、15 节、660V	1	
		控制板一块		500mm×400mm×20mm	1	
		主电路塑铜线		BV 1.5mm² 和 BVR 1.5mm²（黑色）	若干	
		控制电路塑铜线		BV 1mm²（红色）	若干	
		按钮塑铜线		BVR 0.75mm²（红色）	若干	
		接地塑铜线		BVR 1.5mm²（黄绿双色）	若干	
		紧固体和编码套管			若干	

2. 电气原理图及电气布置图

点动控制电气原理图及电气布置图如图 1.25 所示。

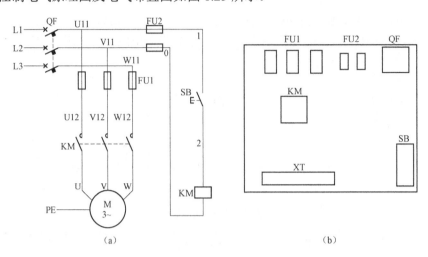

图 1.25 点动电气控制原理图和电气布置图

（a）电气控制原理图； （b）电气布置图

3. 考核要求与评分标准（见表 1.7）

表 1.7 考核要求和与评分标准

序号	考核内容	考核要求	评分标准	配分	扣分	得分
1	（1）计划合理 （2）工艺合理	（1）做出可行实施计划 （2）制作项目的工艺过程	每项未完成扣 3 分	20 分		
2	接线图绘制	根据电气原理图正确绘制接线图	每处错误扣 1 分	20 分		
3	安装布线	（1）正确完成器件选择和质检 （2）元件安装位置合理 （3）电气接线符合要求	接线图不正确一处扣 1 分，一个器件选择或安装不正确、一条线连接不合格扣 1 分	30 分		
4	通电试车	（1）用万用表对主电路进行检查 （2）对信号电路和控制电路进行通电试验 （3）接通主电路的电源不接入电动机进行空载试验 （4）接通主电路的电源接入电动机进行带负载试验，直到电路工作正常为止	一项不正确扣 3 分	20 分		
5	安全文明生产	按生产规程操作	违反安全文明生产规程，扣 10 分	10 分		
6	定额工时	4h	每超 5min，扣 5 分			
	起始时间		合计	100 分		
	结束时间		教师签字		年 月 日	

项目二 三相异步电动机正反转控制与实现

 **知识目标**

（1）了解行程开关的结构参数、动作原理和选择方法。

（2）了解电动机正反转控制电路的组成和动作原理。

能力目标

（1）能够绘制三相异步电动机正反转控制的原理图、接线图。

（2）能够制作电路的安装工艺计划。

（3）会按照板前明配线工艺进行线路的安装、调试和维修。

（4）会做检修记录。

知识准备

一、行程开关

行程开关是根据机械行程发出命令，控制生产机械的运动方向或行程大小的主令电器，常在往返运动中起行程控制和限位保护作用。行程开关由操作头、触点系统和外壳三部分组成。操作头是开关的感测部分，用以接收机械设备发出的动作信号，并将此信号传递到触点系统。触点系统是行程开关的执行部分，它将操作头传来的机械信号通过本身的转换动作变换为电信号，输出到有关控制回路中，使之做出相应的反应。图2.1为行程开关的触点结构和动作原理图。

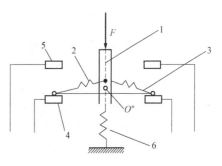

图2.1 行程开关的触点结构和动作原理图

1—推杆；2—弹簧；3—动触点；4—动断静触点；

5—动合静触点；6—复位弹簧

1. 行程开关的类型

行程开关根据动作方式可分为有直动式、转动式、组合式、微动式与滚轮式等。行程开关的型号及其意义如下：

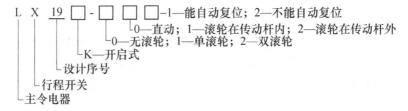

2. 行程开关的主要参数

行程开关的主要技术参数有额定电压、额定电流、触点对数、工作行程和触点转换时间等。

额定电压、额定电流：行程开关工作电路的电压和电流。

触点对数：一般行程开关有一对动合触点，一对动断触点。

工作行程：操作头部分的行程，直动式为 3～4mm，滚轮式为 30°。

触点转换时间：一般≤0.04s。

3. 行程开关的选择

（1）根据被保护机械的动作需要选择行程开关的结构、动作形式、行程和触点转换时间、操作频率。

（2）根据安装处的电源选择行程开关的额定电压、额定电流和频率。

4. 常用行程开关

常用的行程开关有 LX19、LX32 型行程开关和 LX31 型微动开关、LX33 型起重机用行程开关等。LX19 型行程开关外形图如图 2.2 所示。

5. 行程开关的电路符号（见图 2.3）

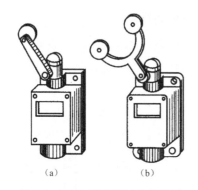

图 2.2   LX19 型行程开关外形图

（a）单轮旋转式；（b）双轮旋转式

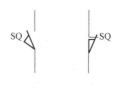

图 2.3   行程开关的电路符号

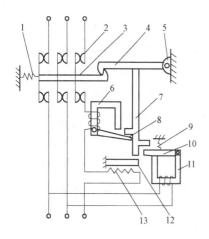

图 2.4   低压断路器动作原理图

1—弹簧；2—主触点；3—传动杆；4—锁扣；5—轴承；

6—电磁脱扣器；7—杠杆；8、10—衔铁；9—弹簧；

11—欠压脱口器；12—双金属片；13—发热元件

二、自动空气断路器

自动空气断路器也称为空气开关或低压断路器，常在低压电路中作总开关，或用于过负荷保护、短路保护和欠电压保护。低压断路器的动作原理如图 2.4 所示。

自动空气断路器的主触点接到被控制的电路中，当电路正常工作时，传动杆被锁扣扣住电路保持接通状态。当电路出现不正常工作状态时，自动跳闸。当电路短路过电流时，电磁脱扣器 6 动作，衔铁 8 上移，推动锁扣 4 使其脱扣，主触点断开电路。当电路过负荷时，双金属片向上弯曲使杠杆上移，推动锁扣 4 使其脱扣，主触点断开电路。当电路电压降低时，欠电压脱扣器 11 动作，弹簧 9 使衔铁 10 上移，带动杠杆 7 上移，推动锁扣 4 使其脱扣，主触点断开电路。

1. 自动空气断路器的类型

自动空气断路器按结构不同分为框架式和塑料外壳式两种类型。框架式自动空气断路器常用于 40~100W 电动机的不频繁全压起动,同时起短路、过载和欠压保护作用。塑料外壳式自动空气断路器常用作配电线路的保护开关和电动机及照明电路的控制开关。

自动空气断路器的型号表示和意义如下:

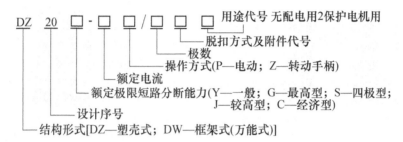

2. 自动空气断路器的主要参数

(1)额定电压,指自动空气断路器正常工作的电压等级,常见的有 AC220V、AC380V 等。

(2)额定电流,指自动空气断路器额定持续工作电流,也是过电流脱扣器的额定电流。

(3)通断能力,给定电压下接通或分断的最大电流或容量值。

3. 自动空气断路器的选择

(1)自动空气断路器的额定电压和电流大于等于所在电路安装点的额定电压和电流。

(2)自动空气断路器的通断能力大于控制电路的最大负荷电流和短路电流。

(3)自动空气断路器的结构形式及操作形式根据安装地点确定。

4. 常用自动空气断路器

常用框架式自动空气断路器有 DW10 型和 DW15 型。DW10 型的额定电压为 AC380V 和 DC440V,额定电流为 200~4000A。DW15 型为更新换代产品,其额定电压为 AC380V,额定电流为 200~4000A。DW15 型自动空气断路器的分断能力大,保护特性具有选择性,可根据过电流的大小选择动作时间,过载长延时、短路短延时和特大短路瞬时动作。框架式自动空气断路器主要用于低压配电柜的配电线路中,其外形如图 2.5 所示。

塑料外壳式自动空气断路器的全部机构和导电部分装在一个塑料外壳内,只有壳盖中央的操作手柄露在外边。我国生产的塑料外壳式自动空气断路器主要有 DZ10、DZX10、DZ12、DZ15、DZX19 系列等,其中 DZX10 和 DZX19 系列具有限流式保护特性,电路短路时在 8~10ms 内全部分断电路。塑料外壳式自动空气断路器常用于配电线路、电力拖动线路、照明线路的电源开关,其外形如图 2.6 所示。

三、三相异步电动机正反转控制电路的动作原理

1. 无互锁的三相异步电动机正反转控制电路

合上图 2.7 所示电路中的自动空气开关 QF,按下正转起动按钮 SB2,接触器 KM1 线圈通电,与 SB2 并联的 KM1 动合触点闭合,接触器自锁,KM1 主触点接通电动机的正向电源,电动机开始正向转动。按下停止按钮 SB1,接触器 KM1 线圈断电,KM1 主触点断开电动机的电源,电动机停止转动。按下反转起动按钮 SB3,接触器 KM2 线圈通电,与 SB3 并联的 KM2 动合触点闭合接触器自锁,KM2 主触点接通电动机的反向电源,电动机开始反向转动。

按下停止按钮 SB1，接触器 KM2 线圈断电，KM2 主触点断开电动机的电源，电动机停止转动。线路中的熔断器起短路保护作用，热继电器起过负荷保护作用，接触器起欠电压保护作用。该电路的特点如下。

图 2.5   框架式自动空气断路器外形图

图 2.6   塑料外壳式低压断路器外形图

（1）正向起动后，必须按停止按钮接触器释放后，才能按反向起动按钮；反向起动后，必须按停止按钮接触器释放后，才能按正向起动按钮，否则会造成主电路 L1 和 L3 两相电源短路。

（2）因任意方向起动后，改变方向前必须按停止按钮，操作效率低。

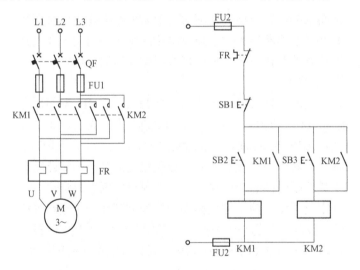

图 2.7   无互锁的三相异步电动机正反转控制电路

2. 具有接触器互锁的三相异步电动机正反转控制电路

三相异步电动机接触器正反转带互锁控制电路如图 2.8 所示。此电路中，在三相异步电动机接触器正反转无互锁控制线路的基础上增加了两对动断触点，将 KM1 和 KM2 的各自的一对动断辅助触点串入对方的线圈支路。

工作时，若先按下了某方向的起动按钮，则控制该方向运行的接触器的动断辅助触点断开，切断了控制另一方向的接触器线圈的电源通路，另一接触器无法吸合，避免了主电路两相电源的短路发生。该电路也不能由某一方向直接按另一方向的起动按钮切换方向。该电路的特点如下：

（1）互锁指甲接触器工作，乙接触器就不能工作；乙接触器工作，甲接触器就不能工作的控制。

（2）实现的方法。将甲乙接触器各自的一对动断触点串入对方的线圈支路。

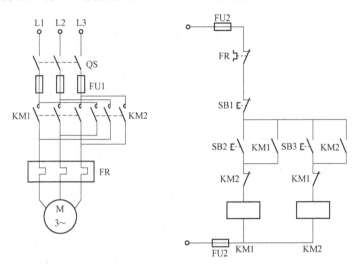

图 2.8　接触器互锁的电动机正反转控制电路

3. 按钮和接触器复合连锁的电动机正反转控制电路

按钮和接触器复合连锁的控制电路如图 2.9 所示。该电路在接触器互锁的基础上，又使用了起动按钮的两对动断触点，正向起动按钮的动断触点串在反向起动支路，反向起动按钮的动断触点串在正向起动支路。一般控制电器的触点都是先断后闭，这样在按正向起动按钮时，先断一下反向接触器的线圈支路，在按反向起动按钮时，先断一下正向接触器的线圈支路，保证两接触器线圈不同时通电。该电路的特点如下：

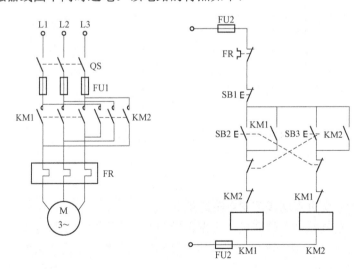

图 2.9　按钮和接触器复合连锁的电动机正反转控制电路

（1）按钮和接触器复合连锁（双重连锁）电路，使用了按钮和接触器的动断触点分别进行了互锁，确保 KM1 和 KM2 线圈不同时得电。

（2）该电路允许从正向，直接通过反向按钮切换到另一方向，操作效率高。

四、工作台的往返运动控制

下面介绍行程控制自动往返工作台的工作过程。工作台前进，到达 A 点时，工作台的挡块压下行程开关 SQ1，行程开关的动断触点切断电动机正转接触器的电源，同时动合触点接通反向接触器使电动机反向运行。工作台后退，当到达 B 点时，工作台的挡块压下行程开关 SQ2，行程开关的动断触点切断电动机反向接触器的电源，同时动合触点接通正向接触器使电动机正向运行，工作台前进重复上述过程。工作台自动往返工作示意图如图 2.10 所示。动

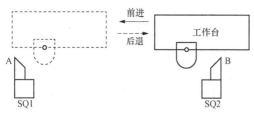

图 2.10　工作台自动往返工作示意图

作原理图如图 2.11 所示。

工作台自动往返控制电路原理如图 2.11 所示。按动按钮 SB2 接触器 KM1 通电自锁，电动机正转，工作台前进，到达 A 点压下 SQ1 动断触点断开，KM1 线圈失电，主触点断开电动机停止正向运行；与 SB3 并联的 SQ1 动断触点接通，KM2 线圈通电自锁，KM2 主触点接通电动机电源（注意：电源线已经交换了两相）电动机反转，工作台反向移动，到达 B 点压下 SQ2 行程开关，SQ2 的动断触点使 KM2 失电电动机停止反向运行，SQ2 的动合触点接通 KM1 线圈，如此重复。

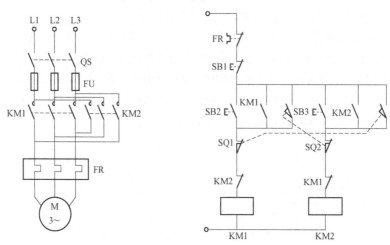

图 2.11　工作台自动往返控制电路原理图

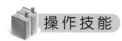 **操作技能**

一、三相异步电动机正反转控制电路的制作

（1）根据绘制电气原理图的原则，考虑接线图的优化，画出三相异步电动机的正反转控制电路原理，如图 2.12 所示。该图中将按钮的互锁触点移到了上方，目的是减少按钮盒与配电板的连接线。图 2.9 所示电路按钮盒与配电板需要 6 条连接线，而图 2.12 所示电路需要 5 条连接线，这可以降低成本，提高效益。

（2）根据电气原理图、电气布置图、电气安装接线图的绘制原则，画出三相异步电动机

的正反转控制电路的接线图，如图 2.13 所示。

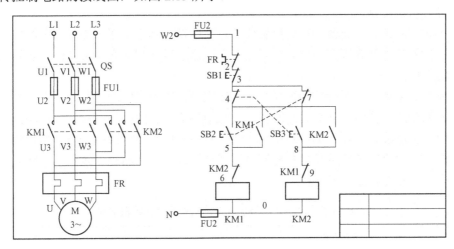

图 2.12 三相异步电动机正反转控制电路原理图

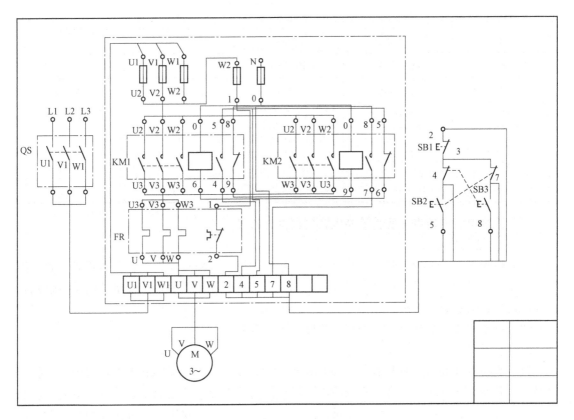

图 2.13 电动机正反转控制电路接线图

（3）填写三相异步电动机正反转控制电路的电器材料配置清单见表 2.1，并领取材料。

（4）电工工具准备。

（5）确定配电板底板的材料和大小，并进行剪裁（可在电气实验台上确定相应大小的配电板使用面积）。

（6）选择刀开关、熔断器、交流接触器、热继电器、起停按钮、接线端子、电动机、配电板，并进行质量检查。

（7）确定刀开关、熔断器、交流接触器、热继电器、起停按钮、接线端子的位置，并进行安装，注意要与电气布置图一致。刀开关、熔断器进线端朝向配电板外侧，热继电器安装在配电板的下侧。

（8）配线。采用板前明配线的配线方式。按照板前明配线的配线规则先配主电路的线，从电源侧开始配起，按照刀开关、熔断器、交流接触器、热继电器、接线的次序，直到接线端子上接电动机的线止；然后配控制电路的线，从控制电路接电源的一侧开始直到另一侧接电源止。注意：主电路的线路通道和控制电路线路通道应分开布置，线路横平竖直，同一平面内不交叉、不重叠，整齐美观。

表 2.1　　　　　　　　　三相异步电动机正反转控制电路的电器材料配置清单

代号	器件名称	型号规格	数量	生产厂家（备注）
QS	刀开关	15A	1	
FU	熔断器	RT1A	5	
KM	交流接触器	CJ20-16	1	
FR	热继电器	JR20-16	1	
SB	起停按钮	LA19	1	双联按钮
M	电动机	三相异步电动机	1	7.5kW 以下
	配电板	使用面积（40×40）cm^2	1	
XT	接线端子	不少于 15 组	1	
BV	导线	硬导线截面积 $1mm^2$	若干	

二、三相异步电动机正反转控制电路的调试与检修

1. 调试前的准备

（1）检查刀开关、熔断器、交流接触器、热继电器、起停按钮、位置是否正确、有无损坏，导线规格是否符合设计要求，操作按钮和接触器是否灵活可靠，热继电器的整定值是否正确，信号和指示是否正确。

（2）对电路的绝缘电阻进行测试，验证是否符合要求。

2. 调试过程

（1）电路不接电源，用万用表的 Ω 挡进行测试。按住正转起动按钮 SB2，检查整个控制电路是否导通，若导通则正常；不导通则有断路，需要检修。按住反转起动按钮 SB3，检查整个控制电路是否导通，若导通则正常；不导通则有断路，需要检修。按住 KM1 的衔铁，用万用表分别测量各相主电路是否导通，若导通则正常；不导通则有断路，需要检修。按住 KM2 的衔铁，用万用表分别测量各相主电路是否导通，若导通则正常；不导通则有断路，需要检修。

（2）接通控制电路电源。按下正转起动按钮 SB2，检查接触器 KM1 的自锁功能是否正常；按下反转起动按钮 SB3，检查接触器 KM1 和 KM2 的互锁功能是否正常。按下反转起动按钮

SB3,检查接触器 KM2 的自锁功能是否正常;按下正转起动按钮 SB2,检查接触器 KM1 和 KM2 的互锁功能是否正常。发现异常应立即断电检修,直至正常。

(3)接通主电路和控制电路的电源,检查电动机正向和反向转速是否正常。若正常,在电动机转轴上加负载,检查热继电器是否有过负荷保护作用;有异常,应立即停电检修。

3. 检修

检修采用万用表电阻法,在不通电情况下进行,按住起动按钮测控制电路各点的电阻值,确定故障点。压下接触器衔铁测主电路各点的电阻,确定主电路故障并排除。电动机正向运行正常,但不能反向运行故障检查举例。确定电路故障的流程图如图 2.14 所示。

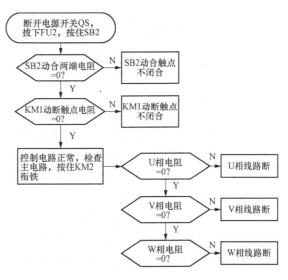

图 2.14 确定电路故障的流程图

三、文件整理和记录

1. 填写检修记录单

认真填写三相异步电动机正反转控制电路检修记录单,见表 2.2。记录单可清楚表示出设备运行和检修情况,为以后设备运行和检修提供依据。

表 2.2 三相异步电动机正反转控制电路检修记录单

序号	代号	设备名称	故障现象	故障原因	维修方法	维修日期
1	QS	刀开关				
2	FU	熔断器				
3	KM1	正转接触器				
4	KM2	反转接触器				
5	FR	热继电器				
6	SB1	停止按钮				
7	SB2	正向起动按钮				
8	SB3	反向起动按钮				
9	M	电动机				
10	XT	接线端子				

2. 文件存档

设备制作调试完成后,将设备的电气原理图、电气安装接线图、器件材料配置清单、检修记录等材料按顺序排好,装入档案袋存档。

四、安全操作

(1)建议采用万用表电阻测量法检修电动机正反转控制电路的故障。

（2）特别注意正反转电路的主电路换相部分接线是否正确。

（3）先用万用表进行测试，电路正常后通电调试。在通电调试和检修过程中，有异常现象立即停车。

（4）工作过程中，自觉遵守安全操作规范。合闸从电源侧合起，断电从负荷侧开始。

（5）工作结束，要关掉电源并把万用表打到交流最高电压挡位，整理工作台面后离开现场。

技能训练

一、三相异步电动机正反转控制电路的制作

（1）写出三相异步电动机正反转控制电路的制作工艺过程。

（2）绘制电气原理图。

（3）绘制电气安装接线图。

（4）完成元件安装和电路的制作。

（5）万用表初步检查电路，进行检修。

（6）在教师指导下通电试车、检修，使电路正常运行。

（7）完成文件整理和存档。

二、检修电路训练

1. 电动机正反向都不能起动的检修

（1）分析原理图，确定电动机正反向都不能起动的故障范围。

（2）画出电动机正反向都不能起动的故障检修流程图。

（3）按照故障检修流程图逐步检查确定故障点，并排除故障。

（4）填写故障记录单并存档。

2. 按下正向或反向起动按钮时正向或反向接触器不断跳动故障的检修

（1）分析原理图，确定正向或反向接触器不断跳动的故障范围。

（2）画出正向或反向接触器不断跳动故障检修流程图。

（3）按照故障检修流程图逐步检查确定故障点，排除故障。

（4）填写故障记录单并存档。

3. 电动机能正转、不能反转故障的检修

（1）分析原理图，确定电动机能正转，不能反转的故障范围。

（2）画出电动机能正转，不能反转故障检修流程图。

（3）按照故障检修流程图逐步检查确定故障点，排除故障。

（4）填写故障记录单并存档。

项目考核

一、判断题

1. 行程开关是根据机械行程发出命令。　　　　　　　　　　　　　（　　）

2. 行程开关操作头是开关的执行部分。　　　　　　　　　　　　　（　　）

3. 行程开关触点系统是行程开关的感测部分。　　　　　　　　　　（　　）

4. 自动空气断路器也称低压断路器。　　　　　　　　　　　　　　（　　）

5．自动空气断路器的额定电压和电流小于所在电路安装点的额定电压和电流。（　　）

6．自动空气断路器的通断能力应小于控制电路的最大负荷电流和短路电流。（　　）

7．合闸从电源侧合起，断电从负荷侧开始。（　　）

8．行程开关工作行程是指操作头部分的行程。（　　）

9．行程开关、限位开关、终端开关是同一种开关。（　　）

10．在电气控制电路中，应将所有电器的连锁触点接在线圈的右端。（　　）

11．在控制电路的设计时，应使分布在线路不同位置的同一电器触点接到电源的同一相上。（　　）

12．在控制电路中，如果两个动合触点并联连接，则它们是与逻辑关系。（　　）

二、选择题

1．自动空气断路器的两段式保护特性是指（　　）。
　　A．过载延时和特大短路的瞬时动作
　　B．过载延时和短路短延时动作
　　C．短路短延时和特大短路的瞬时动作
　　D．过载延时、短路短延时和特大短路瞬时动作

2．直动式行程开关工作行程为（　　）。
　　A．1～2mm　　　B．3～4mm　　　C．5～6mm　　　D．7～8mm

3．滚轮式行程开关工作行程为（　　）。
　　A．10°　　　B．20°　　　C．30°　　　D．40°

4．触点转换时间一般≤（　　）。
　　A．0.04s　　　B．0.4s　　　C．4s　　　D．40s

5．现有两个交流接触器，它们的型号和额定电压相同，则在电气控制电路中其线圈应该（　　）。
　　A．串联连接　　　　　　　B．并联连接
　　C．即可串联也可并联连接　　D．以上都不对

6．现有两个交流接触器，它们的型号和额定电压相同，则在电气控制电路中如果将其线圈串联连接，则在通电时（　　）。
　　A．都不能吸合　　　　　　B．有一个吸合，另一个可能烧毁
　　C．都能吸合正常工作　　　D．以上都不对

三、简答题

1．在电动机正反转控制电路中，互锁的目的是什么？常采用哪三种互锁方式，并绘图说明。

2．在接触器连锁控制电路中，为什么必须在控制电路中接入连锁触点？

3．如何选择自动空气断路器和行程开关？

4．如何改变三相交流电动机的方向？

5．互锁的意义是什么？用什么方法实现？

6．画出接触器、按钮互锁控制的正反向电动电路。

7．图2.15为自锁控制电路，试标出各电器元件的文字符号，检查各电路有无错误，并加以改正。

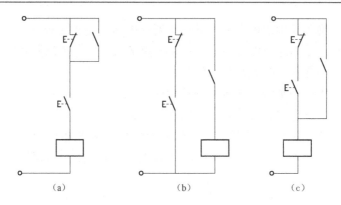

图 2.15　自锁控制电路

四、技能题

安装正反转控制电路图。考核要求评分标准见表 2.3。

表 2.3　　　　　　　　　　考核要求与评分标准

序号	考核内容	考核要求	评分标准	配分	扣分	得分
1	（1）计划合理 （2）工艺合理	（1）做出可行实施计划 （2）制作项目的工艺过程	每项未完成扣 3 分	20 分		
2	接线图绘制	根据电气原理图正确绘制接线图	每处错误扣 1 分	20 分		
3	安装布线	（1）正确完成器件选择和质检 （2）元件安装位置合理 （3）电气接线符合要求	接线图不正确一处扣 1 分，一个器件选择或安装不正确、一条线连接不合格扣 1 分	30 分		
4	通电试车	（1）用万用表对主电路进行检查 （2）对信号电路和控制电路进行通电试验 （3）接通主电路的电源不接入电动机进行空载试验 （4）接通主电路的电源接入电动机进行带负载试验，直到电路工作正常为止	一项不正确扣 3 分	20 分		
5	安全文明生产	按生产规程操作	违反安全文明生产规程，扣 10 分	10 分		
6	定额工时	4h	每超 5min，扣 5 分			
起始时间			合计	100 分		
结束时间			教师签字		年　月　日	

项目三　三相异步电动机 Y/D 起动控制与实现

知识目标

（1）了解时间继电器的结构、参数、动作原理和选择方法。

（2）了解电动机 Y/D 起动电路的组成和动作原理。

能力目标

（1）能够绘制三相异步电动机 Y/D（星—三角）起动控制电路的原理图、接线图。

（2）能够制作电路的安装工艺计划。

（3）能按照板前槽配线工艺进行线路的安装、调试和检修。

知识准备

一、时间继电器

（一）时间继电器的类型

时间继电器的作用是将电路通断控制在一定时间内。时间继电器的电路符号如图 3.1 所示。时间继电器的分类方法较多，按动作原理分为电磁式、空气阻尼式、电动式与电子式；按延时方式分为通电延时型和断电延时型。

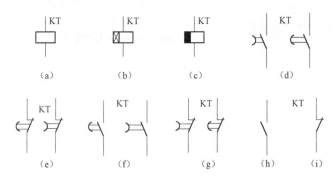

图 3.1　时间继电器的电路符号

（a）线圈一般符号；（b）通电延时线圈；（c）断电延时线圈；（d）延时闭合动合触点；（e）延时断开断触点；

（f）延时断开动合触点；（g）延时闭合动断触点；（h）瞬动动合触点；（i）瞬动动断触点

1. 直流电磁式时间继电器

直流电磁式时间继电器是利用磁路系统在电磁线圈断电后磁通延缓变化的原理工作的。为达到延时的目的，常在电磁继电器磁路系统中增设阻尼铜套来实现，如图 3.2 所示的在 U 形静铁心柱上加阻尼铜套 11。断电时，磁通减小，铜套中感生电流。感生电流的磁场阻碍磁通减小，使衔铁延时释放。直流电磁式时间继电器的特点：延时时间短，ms 级；延时准确度低。

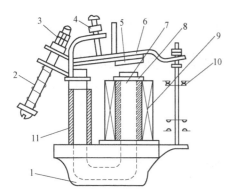

图 3.2　电磁式时间继电器典型结构

1—底座；2—反力弹簧；3、4—调整螺钉；
5—非磁性垫片；6—衔铁；7—铁心；8—极靴；
9—电磁线圈；10—触点系统；11—阻尼铜套

2. 空气阻尼式时间继电器

（1）通电延时空气阻尼式时间继电器。空气阻尼式时间继电器利用空气阻尼的原理来获得延时。空气阻尼式时间继电器可做成通电延时型和断电延时型。其特点是结构简单，延时范围较大，不受电源电压和频率的影响，价格低，准确度也低。

空气阻尼式时间继电器的外形和结构图如图 3.3 所示。

当线圈通电后，铁心将衔铁吸合，同时推板使瞬动触点立即动作。活塞杆在塔形弹簧的作用下，带动活塞及橡皮膜向下移动，由于橡皮膜上方气室空气稀薄，形成负压，因此活塞杆不能迅速下移。当空气由进气孔进入时，活塞杆才逐渐下移。移到最下端时，杠杆才使延时触点动作。延时时间的长短由进气速度决定。通过调节螺杆来改变进气孔的大小，就可以改变进气速度，改变延时时间。

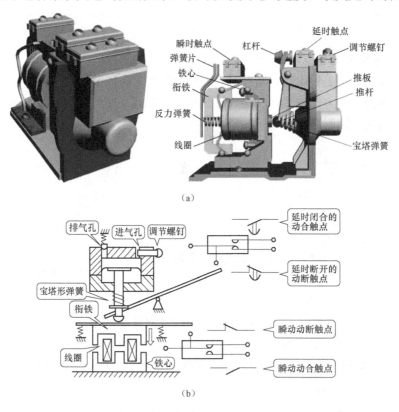

图 3.3　空气阻尼式时间继电器的外形和结构图

（a）外形图；（b）结构图

当线圈断电时，衔铁在复位弹簧的作用下将活塞推向最上端。此时被弹簧小球封住的排气孔打开，气室内的空气迅速排出，触点回复。

（2）断电延时空气阻尼式时间继电器。断电延时空气阻尼式时间继电器和通电延时时间继电器结构相似，区别是衔铁和铁心互换位置，如图 3.4 所示。它的延时触点是断电时才延时，是动合延时断触点，线圈通电时闭合，线圈断电时延时打开；动断延时合触点，线圈通电时断开，线圈断电时延时闭合。

当线圈通电时，铁心将衔铁吸合，同时推板使瞬动触点立即动作。与推板 5 联动的顶杆（虚线）使活塞杆下移，塔形弹簧被压缩，带动活塞及橡皮膜立即向下移动，排气孔打开，杠杆 7 右端下移，动断延时合触点断开，动合延时断触点闭合。

当线圈断电时，衔铁在复位弹簧的作用下返回。塔形弹簧开始伸展，排气孔关闭，空气由进气孔进入，活塞杆逐渐上移。移到最上端时，杠杆 7 才使延时触点动作，动合延时断触点重新断开，动断延时合触点恢复闭合。

（3）空气阻尼式时间继电器的主要参数。

1）触点额定电压、额定电流，指时间继电器触点工作电压和电流。

2）触点对数，指时间继电器的瞬动触点对数和延时触点对数。

3）线圈电压，指线圈的工作电压。

4）延时范围，一般为 0.4～180s。

5）额定操作频率，指每小时操作次数。

（4）电子时间继电器。常用电子时间继电器为阻容式，它是利用电容对电压变化的阻尼作用来实现延时的。JS20 系列电子时间继电器的外形图和原理图如图 3.5 所示。

电源接通时，单结晶体管电路中的 C_2 充电，C_2 电压达到单结晶体管峰值时导通，R_3 上产生触发电压，晶闸管 VT1 导通，中间继电器 K 吸合，动断触点断开 HL 的分流电路，HL 延时点亮，同时 K 的动合触点闭合 C_2 放电，为下次通电延时做准备。调整 R_{P1} 改变充电速度，可以改变延时时间。可利用

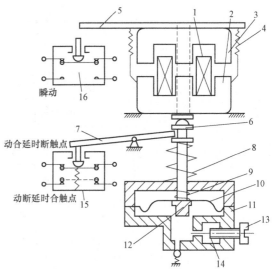

图 3.4　断电延时空气阻尼式时间继电器结构示意图
1—线圈；2—铁心；3—衔铁；4—复位弹簧；5—推板；
6—活塞杆；7—杠杆；8—塔形弹簧；9—弱弹簧；
10—橡皮膜；11—空气室壁；12—活塞；
13—调节螺杆；14—进气孔；15、16—微动开关

PLC 或单片机作长延时和高准确度延时的电子设备。电子式时间继电器的特点：延时范围大，延时准确度高，投资大。

（二）时间继电器的选择

（1）根据安装的场合、对触点要求、延时时间范围、延时准确度选择时间继电器的类型。

在电源电压波动、电源频率不稳、延时范围在 0.4～180s、延时准确度要求不高时选择空气阻尼式时间继电器（在电动机起动控制电路中被广泛使用）；在延时范围大，延时准确度高时选择电子时间继电器。

（2）根据控制电路的工作电压选择空气阻尼式时间继电器的触点额定电压、电流和线圈电压。

（3）根据控制电路的复杂程度选择空气阻尼式时间继电器的触点数。

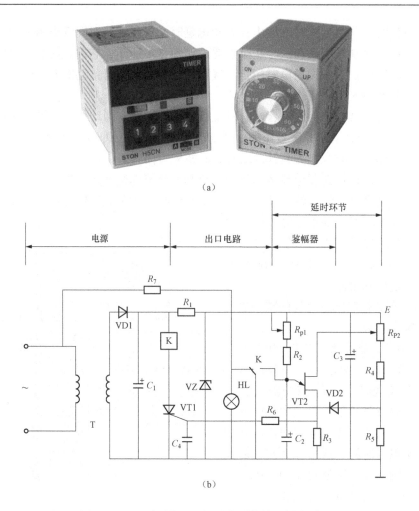

图 3.5　JS20 系列电子时间继电器的外形图和原理图

（a）外形图；（b）原理图

（4）根据控制要求选择空气阻尼式时间继电器的额定操作频率。

二、三相异步电动机 Y/D 起动控制电路的动作原理

（一）三相异步电动机 Y/D 降压起动的原理

通常对中、小容量的三相异步电动机均采用直接起动方式，起动时将电动机的定子绕组直接加额定电压，电动机在额定电压下直接起动。对于大容量的电动机，因起动电流较大，线路压降大，负载端电压降低，影响起动电动机附近电气设备的正常运行，一般采用降压起动。所谓降压起动，是指起动时降低加在电动机定子绕组上的电压，待电动机起动后再将电压恢复到额定值。但电动机的电磁转矩是与定子端电压平方成正比，所以使得电动机的起动转矩相应减小，故降压起动适用于空载或轻载下起动。降压起动方式有 Y/D 降压起动、自耦变压器降压起动、软起动（固态降压起动器）、延边三角形降压起动、定子串电阻降压起动等。这里只介绍 Y/D 降压起动控制。

对于正常运行时定子绕组接成三角形的三相笼型异步电动机，均可采用 Y/D 降压起动。起动时，定子绕组先接成星形，待电动机转速上升到接近额定转速时，将定子绕组换接成三

角形，电动机便进入全压下的正常运转。

Y/D 降压起动的原理如图 3.6 所示。U1、V1、W1、U2、
V2、W2 是电动机接线盒的接线端子，当 KM2 断开、KM3 闭
合时，三相定子绕组末端连在一起，接成星形起动，起动结束
时 KM3 断开、KM2 闭合，电动机接成三角形运行。

（二）三相异步电动机时间原则 Y/D 降压起动的控制电路

三相异步电动机时间原则 Y/D 降压起动的控制电路如
图 3.7 所示。合上自动空气断路器 QF，引入三相电源，按
下起动按钮 SB2，交流接触器 KM1 线圈回路通电吸合并通

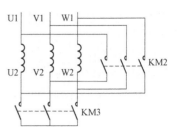

图 3.6　三相异步电动机
时间原则 Y/D 降压起动原理图

过自己的辅助动合触点自锁，其主触点闭合接通电动机三相电源，时间继电器 KT 线圈
也通电吸合并开始计时，交流接触器 KM3 线圈通过时间继电器的延时断开触点通电吸
合，KM3 的主触点闭合将电动机的尾端连接，电动机定子绕组成星形连接，这时电动机
在星形接法下降压起动。当时间继电器 KT 整定时间到后，其延时断开触点断开，交流
接触器 KM3 线圈回路断电，主触点打开定子绕组尾端的接线，KM3 的辅助动断触点闭
合为 KM2 线圈的通电做好准备。时间继电器 KT 动作使其延时闭合触点闭合，接通 KM2
线圈回路，使得 KM2 通电吸合并通过自身的辅助动合触点自锁，KM2 主触点闭合将定
子绕组接成三角形，电动机在三角形接法下运行。电动机的过载保护由热继电器 FR 完
成。电路中的互锁环节有：KM2 动断触点接入 KM3 线圈回路，KM3 动断触点接入 KM2
线圈回路。

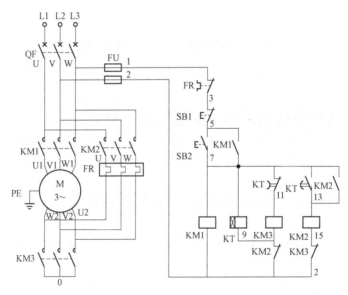

图 3.7　三相异步电动机时间原则 Y/D 降压起动控制电路

图 3.8 为两个接触器 Y/D 起动控制电路，主要应用与功率较小的电动机起动。该电路的
主要特点是：

（1）主电路中所用 KM2 动断触点为辅助触点，如工作电流太大就会烧坏触点，因此这
种控制电路只适用于功率较小的电动机。

（2）由于该线路只用了两个接触器和一个时间继电器，所以电路简单。另外，在由星

形接法转换为三角形接法时，**KM2** 是在不带负载的情况下吸合的，这样可以延长接触器使用寿命。

　　该电路在设计时充分利用了电器中联动的动合、动断触点的特点。在动作时，动断触点先断开，动合触点后闭合，中间有个延时。例如，在按下 SB2 时，动断触点先断开，动合触点后闭合；KT 延时时间到，动断延时打开触点先断开，动合延时闭合触点后闭合。

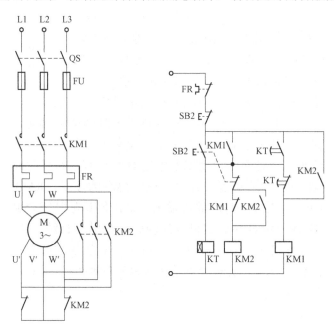

图 3.8　两个接触器 Y/D 起动控制电路

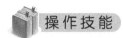

一、三相异步电动机时间原则 Y/D 起动控制电路的制作

　　（1）根据原理图的绘制原则，用 4 号图纸画出三相异步电动机时间原则 Y/D 起动控制电路的原理图。注意：主电路用粗实线，控制电路用细实线，编制各接线端的线号。原理图纸样式如图 3.9 所示。

　　（2）根据原理图画出三相异步电动机时间原则 Y/D 起动控制电路的电气安装接线图，如图 3.10 所示。

　　（3）填写三相异步电动机时间原则 Y/D 起动控制电路的电器材料配置清单（见表 3.1），并领取材料。

　　（4）电工工具准备。

　　（5）确定配电板底板的材料和大小，并进行剪裁。

　　（6）裁剪走线槽，并进行安装。

　　（7）选择自动空气断路器、熔断器、交流接触器、热继电器、时间继电器、起停按钮、接线端子、电动机、配电板，并进行质量检查。

　　（8）确定低压断路器、熔断器、交流接触器、热继电器、时间继电器、起停按钮、接线

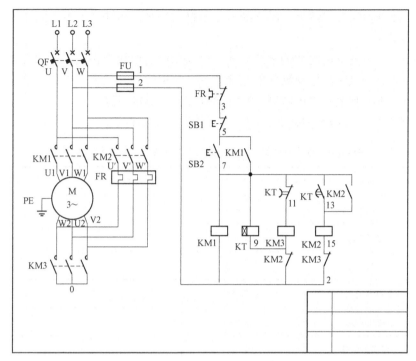

图 3.9 三相异步电动机时间原则 Y/D 起动控制电路的原理图纸样式

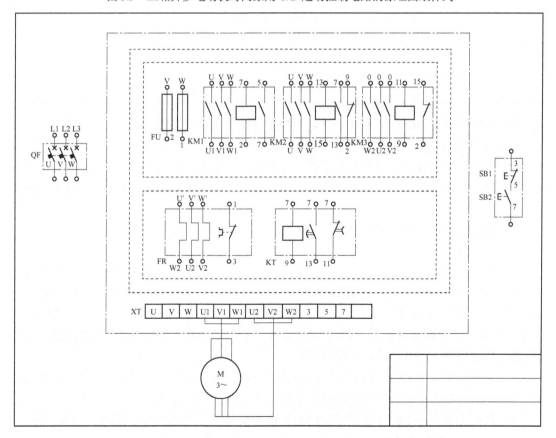

图 3.10 三相异步电动机时间原则 Y/D 起动控制电路电气安装接线图

端子的位置，并进行安装。注意：时间继电器垂直安装时，衔铁在下方，防止振动场合由于重力使其误动作。

（9）配线。采用板前槽配线的配线方式。电器元件的进线方在上，出线方在下，导线垂直入入线槽。先配主电路，按照器件的连接关系，从电源侧开始配起直到电动机止；然后配控制电路的线，从控制电路接电源的一侧开始直到另一侧接电源止。

（10）注意事项。接线时要认真仔细，接线错误，不易查找。

表 3.1　　　　　三相异步电动机时间原则 Y/D 起动控制电路的电器材料配置清单

代号	器件名称	型号规格	数量	生产厂家（备注）
QF	低压断路器	15A	1	
FU	熔断器	RT1A	2	
KM	交流接触器	CJ20-16	3	
FR	热继电器	JR20-16	1	
SB	起停按钮	LA19	1	双联按钮
KT	时间继电器	JS7-2	1	
M	电动机	三相异步电动机	1	7.5kW 以下
	配电板	使用面积（40×40）cm^2	1	
XT	接线端子	不少于 15 组	1	
BV	导线	硬导线截面积 1mm^2	若干	

二、三相异步电动机时间原则 Y/D 起动控制电路的调试与检修

1. 调试前的准备

（1）检查各使用器件、位置是否正确、有无损坏，导线规格是否符合设计要求，操作按钮和接触器是否灵活可靠，热继电器的整定值是否正确，时间继电器安装是否正确，时间整定是否合适。

（2）验证绝缘电阻是否符合要求。

2. 调试过程

（1）电路不接电源，用万用表的 Ω 挡进行测试。按住起动按钮 SB2 检查整个控制电路是否导通，若导通则正常；若不导通则有断路，需要检修。松开起动按钮 SB2，压下 KM2 的衔铁检查控制电路的 11 和 2 点是否导通，若不导通则正常；若导通则不正常，需要检修。按住 KM3 的衔铁，用万用表测量 13 和 2 点是否导通，若不导通则正常，导通则存在短接。压住时间继电器的衔铁，测量延时触点是否正常。

按住 KM1、KM3 的衔铁分别测量星形连接各相主电路是否正常。按住 KM1、KM2 的衔铁，分别测量三角形连接各相主电路是否正常，不正常则需要检修。

（2）接通控制电路电源。按下正转起动按钮 SB2 检查接触器 KM1、KM2、KM3 的动作次序是否正常，KT 的延时是否合理，不正常立即断电检修和调整。

（3）接通主电路和控制电路的电源，检查电动机起动是否正常，有异常立即停电检修。

3. 常见故障检修

（1）电动机不能起动。造成该故障的原因可能有：控制电路熔断器熔断；热继电器动作后未复位，应检查热继电器并了解过载原因，及时处理故障；按钮接触不良或损坏；时间继电器损坏；接触器损坏电动机本身有故障等。

（2）起动时有异常现象。电动机通电后转速上升，约 1s 后电动机突然发出"嗡嗡"声且转速下降，继而断电停转。尽管 Y/D 起动方式可降低电动机起动电流，但起动电流值仍可达到额定电流的 2～3 倍（轻载起动）。在起动刚开始时电动机状态正常，说明电源及线路正常，但随之电动机发出"嗡嗡"声且转速下降，这是电动机缺相运行的症状。这可能是因为熔断器熔体的额定电流值太小，起动时熔断了一相的熔丝而造成电动机缺相，电动机的缺相运行造成其绕组电流进一步增大，使另两相熔断器也相继熔断；也可能是换接成三角形接线后出现了相序错误，如通过 KM2 将 U1 和 U2 连接到了一起，造成电动机定子绕组被短接。

（3）起动后有异常现象。

1）电动机星形连接起动时正常，但转换成三角形连接运行后就发出异常响声且转速骤降，继而熔断器熔断使电动机断电停车。电动机星形连接起动正常，说明该部分电路无误；而转换成三角形连接运行时异常，则应从该部分电路中寻找故障。产生故障的最有可能的原因是：电动机三角形连接时的接线相序接错，从而造成三相电源相序与星形连接时相反，电动机在 Y/D 转换后处于反接制动状态，产生过大的制动电流使三相熔断器熔断。

2）按下 SB2，KT 及 KM1、KM3 均通电动作，电动机星形连接起动，但之后长时间线路无转换动作。该故障一般是由于时间继电器故障引起的，如果是空气阻尼式时间继电器，很可能是空气室进气孔阻塞或由于电磁铁与延时器顶杆相互位置不当造成的，可按维修时间继电器的方法进行检修。这种故障如果不及时发现并排除，将会使电动机长时间星形连接运行，电动机会因长时间过载而损坏。

3）按下 SB2，KT 及 KM1、KM3 均通电动作，但电动机即发出异响，转轴向正、反两个方向颤动；立即按下 SB1 停车，在 KM1、KM3 释放时灭弧罩内有较强的电弧；如果断开主电路进行检查，则控制电路工作正常。单独运行控制电路工作正常，说明问题不在控制电路，而可能在主电路。电动机产生的故障现象说明是由于缺相引起的（由于缺相，电动机不能产生旋转磁场，所以起动时转轴向正、反两个方向颤动，且单相起动大电流造成强电弧）。检查主电路的各熔断器和 KM1、KM3 的主触点，如无问题，则有可能是 KM3 主触点另一端的短接线松脱造成的，因为该接线接触不良会造成电动机的一相绕组末端未接入电路，使电动机单相起动。

三、文件整理和记录

（1）填写检修记录单。认真填写三相异步电动机时间原则 Y/D 起动控制电路的检修记录单，见表 3.2。记录单可清楚表示出设备运行和检修情况，为以后设备运行和检修提供依据。

（2）文件存档。设备制作调试完成后，将设备的电气原理图、电气安装接线图、器件材料配置清单、检修记录等材料按顺序排好，装入档案袋存档。

四、安全操作

（1）建议采用万用表电阻测量法检修三相异步电动机时间原则 Y/D 起动控制电路的故障。

（2）特别注意 KM2 和 KM3 互锁部分接线是否正确，若不能实现互锁则造成最严重的三相电源短路。

（3）时间继电器的接线端子较小，容易损坏，接线时用手托住然后用螺钉旋具旋紧。

（4）用万用表进行测试，电路正常后通电试车，有异常现象立即停车。

（5）自觉遵守安全操作规范，养成好的工作习惯。

表 3.2　　　　　　　　　三相异步电动机时间原则 Y/D 起动控制电路检修记录单

序号	代号	设备名称	故障现象	故障原因	维修方法	维修日期
1	QF	低压断路器				
2	FU	熔断器				
3	KM1、KM2、KM3	接触器				
4	FR	热继电器				
5	KT	时间继电器				
6	SB	起停按钮				
7	M	电动机				
8	XT	接线端子				

技能训练

一、用板前槽配线的工艺制作三相异步电动机时间原则 Y/D 起动控制电路

（1）写出三相异步电动机时间原则 Y/D 起动控制电路的制作工艺过程。

（2）绘制电路原理图。

（3）绘制电路安装接线图。

（4）完成元件安装和电路的制作。

（5）万用表初步检查、检修。

（6）在教师监护下通电试车、检修。

（7）完成文件整理和存档。

二、检修电路训练

（1）电动机不能星接起动的检修。

1）原理分析，确定故障范围。

2）画出三相异步电动机时间原则 Y/D 起动控制电路，不能星接起动的故障检修流程图。

3）按照故障检修流程图检查确定故障点，并排除故障。

4）填写故障记录单并存档。

（2）按下起动按钮三相异步电动机星接起动正常，换接三角形运行时停车的故障检修。

1）原理分析，确定不能换接成三角形运行的故障范围。

2）在故障范围内检查确定故障点，排除故障。

3）总结快速检修的经验。

4）填写故障记录单并存档。

（3）按下起动按钮 KM1、KM3 工作正常，KM2 不能自锁的故障现象分析。

1）原理分析，小组讨论，确定故障现象。

2）积累检修经验、技巧。

项目考核

一、判断题

1．时间继电器的作用是将电路通断控制在一定时间内。　　　　　　　（　　）

2．空气阻尼式时间继电器利用空气阻尼的原理来获得延时。　　　　　（　　）

3．常用电子时间继电器为阻容式，它是利用电容对电压变化的阻尼作用来实现延时的。

（　　）

4．对于正常运行时定子绕组接成三角形的三相笼型异步电动机，均可采用 Y/D 降压起动。　　　　　　　　　　　　　　　　　　　　　　　（　　）

5．频敏变阻器的起动方式可以使起动平稳，克服不必要的机械冲击力。（　　）

6．频敏变阻器只能用于三相笼型异步电动机的起动控制中。　　　　　（　　）

二、选择题

1．断电延时型时间继电器，它的动合触点为（　　）。

　　A．延时闭合的动合触点　　　　　　　B．瞬动动合触点

　　C．瞬时闭合延时断开的动合触点　　　D．延时闭合瞬时端开的动合触点

2．在延时准确度要求不高、电源电压波动较大的场合，应选用（　　）。

　　A．空气阻尼式时间继电器　　　　　　B．晶体管式时间继电器

　　C．电动式时间继电器　　　　　　　　D．上述三种都不合适

3．通电延时型时间继电器，它的动作情况是（　　）。

　　A．线圈通电时触点延时动作，断电时触点瞬时动作

　　B．线圈通电时触点瞬时动作，断电时触点延时动作

　　C．线圈通电时触点不动作，断电时触点瞬时动作

　　D．线圈通电时触点部动作，断电时触点延时动作

4．在三相异步电动机 Y/D 降压起动控制线路中起动电流是正常工作电流的（　　）。

　　A．1/3　　　　　B．$1/\sqrt{3}$　　　　　C．2/3　　　　　D．$2/\sqrt{3}$

三、简答题

1．空气阻尼式时间继电器根据需要可以实现哪两种延时功能？

2．阐述三相笼型异步电动机 Y/D 起动的原理。

3．简述 Y/D 起动的优点、缺点和适用场合。

四、技能题

Y/D 起动控制电路的制作，考核要求与评分标准表 3.3，本项目考核标准见表 3.3。

表 3.3　　　　　　　　　　考核要求与评分标准

序号	考核内容	考核要求	评分标准	配分	扣分	得分
1	（1）计划合理 （2）工艺合理	（1）做出可行实施计划 （2）制作项目的工艺过程	每项未完成扣 3 分	20 分		
2	接线图绘制	根据电气原理图正确绘制接线图	每处错误扣 1 分	20 分		
3	安装布线	（1）正确完成器件选择和质检 （2）元件安装位置合理 （3）电气接线符合要求	接线图不正确一处扣 1分，一个器件选择或安装不正确、一条线连接不合格扣 1 分	30 分		
4	通电试车	（1）用万用表对主电路进行检查 （2）对信号电路和控制电路进行通电试验 （3）接通主电路的电源不接入电动机进行空载试验 （4）接通主电路的电源接入电动机进行带负载试验，直到电路工作正常为止	一项不正确扣 3 分	20 分		
5	安全文明生产	按生产规程操作	违反安全文明生产规程，扣 10 分	10 分		
6	定额工时	4h	每超 5min，扣 5 分			
起始时间			合计	100 分		
结束时间			教师签字		年　月　日	

项目四　绕线式电动机转子串电阻起动控制与实现

　**知识目标**

（1）了解过电流继电器、主令控制器、凸轮控制器、三相电位器结构参数、动作原理，掌握选择方法。

（2）了解绕线式电动机转子串电阻起动电路的组成和动作原理。

能力目标

（1）能够绘制绕线式电动机转子串电阻起动控制电路的原理图、接线图。

（2）能够制作电路的安装工艺计划。

（3）会按照工艺计划进行线路的安装、调试和检修。

（4）能根据故障现象分析诊断和故障排除，并作检修记录。

知识准备

该项目用到的电器元件主要有组合开关、过电流继电器、主令控制器、凸轮控制器、三相电位器，下面先介绍这些元件。

一、组合开关

组合开关也称转换开关，是刀开关的一种。与一般刀开关不同的是，它的刀片是转动的，而且质量轻，触点的组合性强，能组成各种不同的线路。

组合开关由若干个动触点及静触点分别装在数层绝缘件内组成的，手柄转动时动触点随之变换位置通、断电路。组合开关的顶盖由滑板、凸轮、扭簧及手柄等构成，采用了扭簧储能结构，能快速接通和分断电路。组合开关的结构示意图如图 4.1 所示。

组合开关的型号意义如下：

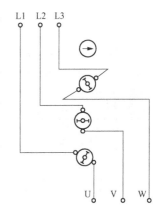

图 4.1　组合开关结构示意图

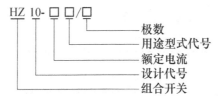

1. 组合开关的类型

组合开关按接通的电路条数分为单极、双极和三极。图 4.1 是三极的组合开关，手柄转动时同时接通或断开三条电路。

2. 组合开关的主要参数

（1）额定电压和电流，指组合开关触点分断或接通状态下的电压和电流值。

（2）约定发热电流，指组合开关在约定使用条件下达到允许的温升时的电流值。

（3）触点的机械寿命，指组合开关触点不会产生机械故障所允许的通断次数，如300万次。

（4）操作频率，指组合开关每小时触点允许的通断次数。

（5）通断能力，指一定条件下组合开关的触点能够接通或断开的最大电流。

3. 组合开关的选择

（1）组合开关的额定电压应大于等于安装地点线路的电压等级。

（2）用于照明或电加热电路时，组合开关的额定电流应大于等于被控制电路中负载电流。

（3）用于电动机电路时，组合开关的额定电流是电动机额定电流的1.5～2.5倍。

（4）当操作频率过高或负载的功率因数较低时，转换开关要降低容量使用，否则会影响开关寿命。

（5）组合开关的通断能力差，控制电动机作可逆运转时，必须在电动机完全停止转动后，才能反向接通。

4. 常用组合开关

常用的组合开关有HZ5、HZ10、HZ23、HY23等系列。HZ5和HZ10系列主要用于交流50Hz，电压380V以下电路中的电源开关和笼型异步电动机的起动、变速、换向等。HZ23系

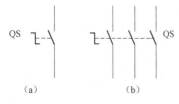

图4.2　组合开关的电路符号

（a）单级；（b）三级

列组合开关适用于交流50Hz或60Hz电压500V的电路中作为电源引入开关或作为控制操作，也可作为频率每小时不大于300次的三相笼型异步电动机控制操作。特殊结构的组合开关适用电压220V的直流电路中控制电磁吸盘用。HY23系列是HZ23系列的改进产品。HZ10系列组合开关主要技术参数见表4.1。

5. 组合开关的电路符号（见图4.2）

表4.1　　　　HZ10系列组合开关主要技术参数

型　号	用途	AC（A）		DC（A）		次数
		接通	断开	接通	断开	
HZ10-10（1，2，3极）	作配电电器用	10	10	10		10 000
HZ10-25（2，3极）		25	25	25		15 000
HZ10-60（2，3极）	作控制交流电动机用	60	60	60		5000
HZ10-10（3极）		60	10			5000
HZ10-25（3极）		150	25			

二、过电流继电器

过电流继电器属保护电器，当保护电路中的电流增大时，线圈电流高于整定值，串联在接触器线圈回路的过电流继电器的动断触点断开，使保护电路得到保护。电磁式过电流继电器的结构如图3.2所示。电磁式继电器主要由线圈、铁心、衔铁、反力弹簧和触点系统等组成。没有电流通过线圈或电流没有达到整定值时，衔铁靠反力弹簧的作用而打开，动断触点闭合。当电流超过整定值时，衔铁被吸合，动断触点10断开接触器的线圈回路，达到保护作用。调整调节螺钉3可以改变反力弹簧的松紧就可以改变吸合电流，反力弹簧调得越紧则吸

合电流越大。调节螺钉 4 可改变衔铁的初始气隙的大小，气隙越大吸合电流越大。改变非磁性垫片 5 的厚度可调节释放电流，非磁性垫片越厚释放电流越大。

1. 过电流继电器的类型

过电流继电器按原理分成电磁式和感应型两种类型。电磁式过电流继电器动作迅速，可以认为是瞬时动作的，一般用于低压控制电路中，触点额定电流不大于 5A。感应型过电流继电器动作时间与线圈中通入的电流成反比，电流越大动作时间越短，常用在高压电力系统中作线路或电气设备的过电流保护。

2. 电磁式过电流继电器的主要参数

（1）额定电压和电流，指线圈的额定电压和额定电流。

（2）吸合电压和电流，指能使继电器衔铁动作的线圈电压和电流。

（3）释放电压和电流，线圈电压降低或电流减小时衔铁释放，使衔铁释放时的线圈电压或电流值叫释放电压和电流。

（4）吸合时间和返回时间，指吸合时间是线圈电流达到整定值，衔铁从开始吸合到衔铁完全闭合所需要的时间。返回时间是线圈电流达到释放电流开始到衔铁完全释放所需要的时间。

（5）整定值，指通过调整反作用弹簧来整定电磁式过电流继电器的衔铁吸合电流值或释放值。这个预先整定的吸合值或释放值就叫整定值。

（6）返回系数，指释放电流与吸合电流的比值，用 K 表示。

$$K = \frac{I_{SF}}{I_{XH}}$$

（7）过电流继电器的灵敏度，指使继电器动作的最小功率。

3. 过电流继电器的选择

过电流继电器的线圈额定电压和额定电流不高于实际安装地点的电压和电流；触点的通断能力大于等于控制容量；动作值或整定值符合如下条件：

$$交流吸合电流 = (110\% \sim 350\%) I_N$$
$$直流吸合电流 = (79\% \sim 300\%) I_N$$

其中，I_N 是过流继电器线圈的额定电流。

4. 常用过电流继电器

常用过电流继电器有 JL17 系列过电流继电器、JL12 系列过电流延时继电器。过电流继电器的线圈和触点符号如图 4.3 所示。

三、主令控制器

主令控制器常用来控制频繁操作的多回路控制电路，如起重机械升降控制电路。主令控制器的原理结构图如图 4.4 所示。

转动手柄时，中间的方轴带动凸轮块 1、7 转动，固定在支杆 5 上的动触点 4 随着支杆 5 绕轴 6 转动，凸轮的凸起部分推压小轮 8 时带动支杆 5 和动触点 4 张开，将电路断开。由于凸轮块具有不同形状，所以转动手柄时触点按一定顺序接通或断开电路。

1. 主令控制器的类型

主令控制器根据凸轮片的位置是否能调整分为两种类型。调整型主令控制器，凸轮片的位置可以根据触点分合表进行调整；非调整型主令控制器，凸轮片只有一个位置不能调整，手柄转换时只能按照触点分合表断开或接通电路。主令控制器的型号和意义如下：

图 4.3　过电流继电器的线圈和触点符号

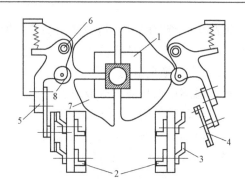

图 4.4　主令控制器的原理结构图

1、7—凸轮块；2—接线柱；3—静触点；

4—动触点；5—支杆；6—转动轴；8—小轮

主令控制器的电路符号如图 4.5 所示。图中，横线表示主令控制器控制回路的触点，竖虚线表示主令控制器手柄位置；手柄位置上的小黑点，表示在该位置时能接通的触点，如手柄在Ⅰ的位置时，1 号和 3 号触点接通，其余断开。触点的通断也可以用通断表来表示，"×"表示触点闭合，空白表示分断。主令控制器的通断表见表 4.2。

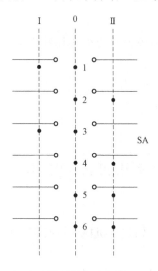

图 4.5　主令控制器的图形符号和文字

表 4.2　主令控制器的通断表

触点号	Ⅰ	0	Ⅱ
1	×	×	
2		×	×
3	×		
4		×	×
5		×	×
6		×	×

2. 主令控制器的主要参数

（1）额定电压和电流，指主令控制器触点分断或接通状态下的电压和电流值。

（2）约定发热电流，指主令控制器在约定使用条件下达到允许的温升时的电流值。

（3）触点的机械寿命，指触点不会产生机械故障所允许的通断次数，如 300 万次。

（4）操作频率，指每小时触点允许的通断次数。

（5）控制的电路数，指主令控制器触点控制的回路总数。

（6）通断能力，指一定条件下主令控制器触点能够接通或断开的最大电流。

3．主令控制器的选择

（1）根据被控制电路的电压和电流选择主令控制器的额定电压和电流及通断能力。主令控制器工作时的电流不能超过约定发热电流，否则会过热烧毁。

（2）根据控制电路的回路数和操作要求选择控制回路数、操作频率、触点寿命等。

4．常用主令控制器

常用主令控制器有 LK1、LK4、LK5、、LK14、LKT8 系列等。其中，LK4 和 LKT8 系列是可调式主令控制器；LKT8 系列属于革新产品，吸收了国外先进技术，采用 IEC 标准，有交流、直流工作形式。表 4.3 列出了 LK1 和 LK14 系列的主令控制器的主要参数。

表 4.3　　　　　　　　　　**LK1 和 LK14 系列的主令控制器的主要参数**

型号	额定电压（V）	额定电流（A）	控制电路数	接通与分断能力（A）	
				接通	分断
LK1-12/90 LK1-12/96 LK1-12/97	380	15	12	100	15
LK14-12/90 LK14-12/96 LK14-12/97	380	15	12	100	15

四、凸轮控制器

凸轮控制器靠凸轮运动来使触点动作，主要用于控制绕线电机的起动和调速，在起重机械的升降控制电路中应用较广泛。其主要由手轮、触点系统、凸轮、转轴等组成。KTJ1 系列凸轮控制器结构图如图 4.6 所示。该控制器 12 对触点，其中 9 对动合触点，3 对动断触点。AC1～AC4 的 4 对动合触点接于主电路，带灭弧罩；AC5～AC9 接转子电阻，用于起动或调速；AC10～AC12 接于电动机控制电路起零位保护作用。凸轮转动时凹凸部分推动滚轮 10 使动触点动作，触点闭合或分断。图 4.7 所示为 KTJ1-5011 型凸轮控制器的触点分合表。图中，左侧是凸轮控制器的 12 对触点；上面一行阿拉伯数字表示手轮的 11 个位置；手轮所在位置可接通的触点打有"×"，不接通的空白。

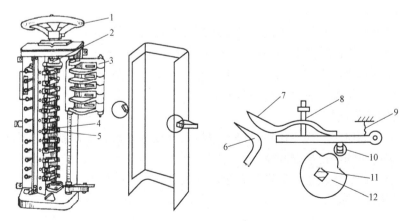

图 4.6　KTJ1 系列凸轮控制器的结构图

1—手轮；2、11—转轴；3—灭弧罩；4、7—动触点；5、6—静触点；8—触点弹簧；9—弹簧；10—滚轮；12—凸轮

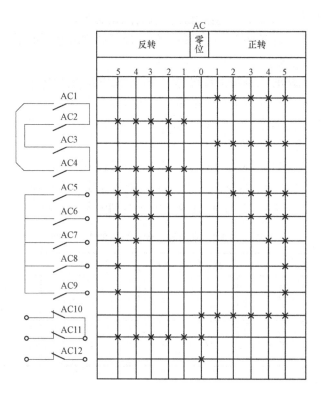

图 4.7　KTJ1-5011 型凸轮控制器的触点分合表

凸轮控制器的型号表示和意义如下：

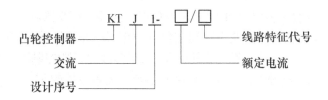

1．凸轮控制器的主要参数

（1）手柄位置数，手柄位置不同，接通或断开的触点不同。

（2）额定电流，指凸轮控制器在不同的工作制中允许的工作电流。

（3）额定控制功率，指在不同的电压下凸轮控制器的控制功率。

（4）操作次数，指每小时允许的操作次数。

2．凸轮控制器的选择

（1）根据被控制电路的额定电压、额定电流以及设备容量、工作制，选择凸轮控制器的额定电压、额定电流和额定控制功率。

（2）根据要控制的电路触点数和位置数选择凸轮控制器的位置数。

3．常用凸轮控制器

常用凸轮控制器有 KTJ1、KTJ10、KTJ14、KTJ15 等系列。表 4.4 列出了 KTJ1 型凸轮控制器的技术数据。

表 4.4				KTJ1 型凸轮控制器的技术数据				
型号	位置数		额定电流（A）		额定控制功率（W）			操作次数（次/h）
	向前	向后	通电持续率小于 40%	长期工作制	220V	380V	
KTJ1-50/1	5	5	75	50	16	16	
KTJ1-50/2	5	5	75	50	×	×	
KTJ1-50/3	1	1	75	50	11	11	600
KTJ1-80/1	6	6	120	80	22	30	
KTJ1-80/3	6	6	120	80	22	30	

五、三相电阻器

三相电阻器主要适用于交流 50Hz、AC500V 和直流 DC440V 电路，作电动机的起动、制动、调速之用。其结构形式大多为开启式，应装在室内并加以遮拦，防止触电。其主要类型有 ZX1、ZX2 系列，其容量约为 4.6kW。其主要参数有总阻值、每一级的阻值、额定电流、电阻元件的数量。选择三相电阻器时主要考虑调速要求的阻值和功率。三相电阻器的型号表示和意义如下：

六、凸轮控制器控制绕线式电动机的动作原理

凸轮控制器控制的绕线式电动机原理电路如图 4.8（a）所示。图 4.8（b）为凸轮控制器的通断表。凸轮控制器手轮置零位后，合上组合开关 QS，接触器 KM 线圈通电并自锁作好电动机起动前的准备。

正向起动时，搬动 AC 手轮到正向"1"位置，此时 AC1、AC3 和 AC10 闭合电动机接通源正向起动。由于 AC5～AC9 全部断开、电动机串入全部起动电阻起动，具有小的起动电流和较大的起动转矩。AC 手轮由正向"1"位置转向"2"时，AC1、AC3、AC5 和 AC10 闭合，转子电阻 R 中第一级被切除电动机转矩加大转速提升；AC 手轮由正向"2"位置转向"3"时，AC1、AC3、AC5、AC6 和 AC10 闭合，转子电阻 R 中第一级和第二级被切除电动机在大转矩下正向转动；手柄继续由"3"到"4"再到"5"时，依次切除起动电阻，电动机起动完毕进入正常运行状态。

停车时，手轮回到"0"位，电动机停止转动。

反向起动时，搬动 AC 手轮到反向"1"位置，此时 AC2、AC4 和 AC10 闭合电动机交换两相接通源，所以反向起动。由于 AC5～AC9 全部断开、电动机串入全部起动电阻起动，具有小的起动电流和较大的起动转矩。AC 手轮由反向"1"位置转向"2"时，AC2、AC4、AC5 和 AC10 闭合，转子电阻 R 中第一级被切除电动机转矩加大转速提升；AC 手轮由反向"2"位置转向"3"到"4"到"5"时，依次切除起动电阻，电动机起动完毕进入反向正常运行状态。

AC10～AC12 的零位保护作用是：只有手柄在"0"位时 AC10～AC12 全部闭合，按 SB1

时 KM 通电；手柄在其余位置时只有 AC10 或 AC11 中的一对触点接通，此时按 SB1 起动按钮 KM 不能通电。这就保证了电动机只能由凸轮控制器在"0"位时，串入全部起动电阻开始起动，然后通过手柄控制逐级切除起动电阻，进入正常运转状态。零位保护简言之就是必须回到零位串入全部起动电阻开始才能起动，不能在无起动电阻或串入部分起动电阻情况下起动。

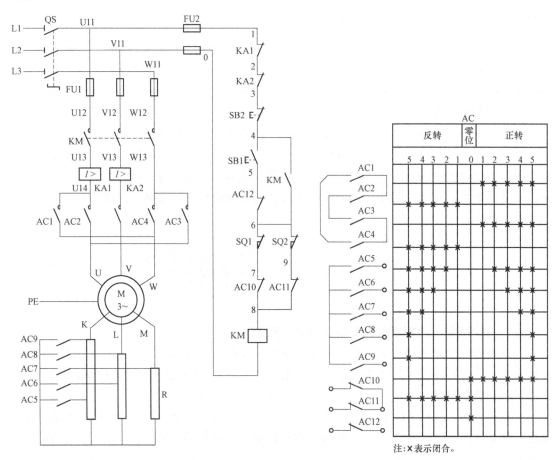

图 4.8　凸轮控制器控制的绕线式电动机原理电路

七、绕线式电动机的转子串频敏变阻器起动的动作原理

绕线式异步电动机转子串电阻的起动方法中，转子电阻是逐级切除的，转子电流及转矩会突然变化，产生机械冲击，使运行不平稳。频敏变阻器的阻抗能够随着电动机转速的上升、转子电流频率的下降而自动减小，它是较为理想的一种绕线式异步电动机起动装置。

1. 频敏变阻器

频敏变阻器就是一个铁心损耗非常大的三相电抗器。它的铁心由较厚的钢板叠成，三个绕组接成星形串联在转子电路中，电动机转速增高时，转子和旋转磁场的相对转速减小，转子电流频率降低，频敏变阻器的磁滞损耗减小，阻抗减小。电动机转子串频敏变阻器起动的控制电路如图 4.9 所示。

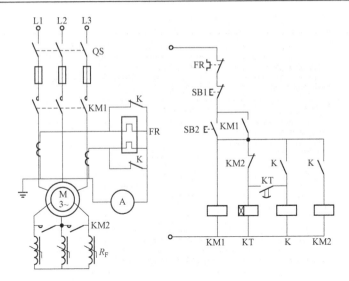

图 4.9　电动机转子串频敏变阻器起动的控制电路

2. 电动机转子串频敏变阻器起动的控制电路的工作过程

合上电源开关 QS，按下起动按钮 SB2，接触器 KM1 线圈通电自锁，电动机接通三相交流电源转子串频敏变阻器起动，同时时间继电器 KT 线圈通电延时开始。延时结束时，KT 的延时闭合触点闭合，K 线圈通电并自锁，K 的动断触点断开热继电器 FR 的旁路触点加入电路作过载保护，K 的一个动合触点接通 KM2 线圈，KM2 动合触点闭合切除频敏变阻器。

3. 频敏变阻器的使用和调整

使用中当频敏变阻器的起动特性不太理想时，就需要结合现场情况作某些调整，来满足生产的需要。主要包括如下两点：

（1）改线圈匝数。频敏变阻器绕组有三个抽头，分别为 100%（起动电流过大时用）、85%（出厂）、71%匝数（起动电流过小时用）。

（2）磁路调整。刚起动和切除频敏变阻器时，防止冲击电流，加大上轭板与铁心气隙。

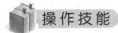 操作技能

一、凸轮控制器控制的绕线式电动机控制电路的制作

（1）绘制绕线式电动机转子串电阻起动电路的电气原理图，如图 4.9 所示。

（2）绘制绕线式电动机转子串电阻起动电路的电气安装接线图（略）。

（3）填写绕线式电动机转子串电阻起动电路材料配置清单，（见表 4.5），并领取材料。

（4）工具准备。

（5）确定配电板底板的材料和大小，并进行剪裁。

表 4.5　　　　　　绕线式电动机转子串电阻起动电路材料配置清单

代号	器件名称	型号规格	数量	生产厂家（备注）
QS	组合开关	HZ10-25/3	1	380V，25A
M	绕线转子电动机	YZR-132A-6	1	380V，2.2kW
FU	熔断器	RL1-60/2，RL1-15/2	3，2	

续表

代号	器件名称	型号规格	数量	生产厂家（备注）
KM	交流接触器	CJT1-20	1	
KA1、KA2	过电流继电器	JL14-11	2	10A
SB	起停按钮	LA10-3H	1	保护式
AC	凸轮控制器	KTJ1-50/2	1	
R	起动电阻	2K1-12-6/1		
SQ1、SQ2	行程开关	LX19-212	2	
XT	接线端子	JX2-1015	1	不少于 15 组
	线槽	2cm 宽	1.6m	
	导线	铜软导线 1mm²	若干	
	配电板	使用面积（50×40）cm²	1	

（6）选择组合开关、熔断器、交流接触器、过电流继电器、凸轮控制器、起动电阻、行程开关、起停按钮、接线端子、绕线转子电动机并进行质量检查，然后进行这些电器元件定位和安装，注意与电气布置图一致。

（7）安装线槽，按照接线图上线路走向安装线槽。

（8）配线。采用板前槽配线方式。导线采用 BV 多股塑料软线，剥皮裸露导线长小于 1mm，并装上与接线图相同的编码套管。每个接线端子上一般不超过两根导线。

注 意

接线时要认真仔细。

二、凸轮控制器控制的绕线电动机电路的调试和检修

1. 调试前的准备

（1）检查组合开关、熔断器、交流接触器、过电流继电器、凸轮控制器、起动电阻、行程开关、起停按钮位置是否正确，导线规格和接线方式是否符合设计要求，操作按钮和接触器是否灵活可靠，过电流继电器的整定值是否正确等。

（2）检查电路绝缘是否正常。

2. 调试过程

（1）接通控制电路电源。凸轮控制器在"0"位，按下起动按钮 SB1，检查接触器的自锁功能是否正常，凸轮控制器的触点 AC10、AC11、AC12 是否闭合以及电流继电器是否正常等。发现不正常现象立即停电检修，直至正常。

（2）接通主电路和控制电路的电源，检查主电路是否正常。正常后，在电动机转轴上加负载，检查过电流继电器是否有过负荷保护作用。有不正常现象，立即停电查明原因并检修。

3. 检修

（1）检修时在不通电情况下，采用万用表按住起动按钮测控制电路各点的电阻值。转动凸轮控制器的手轮到各挡位，压下接触器衔铁测主电路各点的电阻，确定主电路故障并排除。万用表测试正常后方可通电试验。

（2）合上 QS 电源进行观察，并按照电路正常操作次序进行操作，观察凸轮控制器和各电器元件的动作和电动机的转动情况，发现异常立即停车检查。根据故障现象和分析电气原理图确定故障范围。用万用表电阻测量法确定故障点并排除，直到通电试车正常。

三、文件整理和记录

1. 填写检修记录单

认真填写三相异步电动机转子串电阻起动控制电路的检修记录单，见表 4.6。记录单可清楚表示出设备运行和检修情况，为以后设备运行和检修提供依据。

表 4.6　　　　　　　　　三相异步电动机转子串电阻起动控制电路检修记录单

序号	代号	设备名称	故障现象	故障原因	维修方法	维修日期
1	QS	组合开关				
2	M	绕线转子电动机				
3	FU	熔断器				
4	KM	交流接触器				
5	KA1、KA2	过电流继电器				
6	SB	起停按钮				
7	AC	凸轮控制器				
8	R	起动电阻				
9	SQ1、SQ2	行程开关				
10	XT	接线端子				

2. 文件存档

三相异步电动机转子串电阻起动控制电路的调试、检修完成后，整理相关材料并按顺序排好，装入档案袋存档。

四、安全操作

（1）AC 从"0"位到正转或反转高速挡位时，操作速度不要过快，以免转子电阻切除过快产生较大的机械冲击。

（2）检修或调试过程中发现故障立即断电停车。

（3）带电检修时必须有指导教师现场监护，确保安全。

（4）整个操作过程中，自觉遵守安全操作规范。

技能训练

一、用板前槽配线的工艺制作三相异步电动机转子串电阻起动控制电路

（1）写出三相异步电动机转子串电阻起动控制电路的制作工艺过程。

（2）绘制电气原理图。

（3）完成元件安装和电路的制作。

（4）采用万用表进行初步检查、检修。

（5）在教师监护下通电试车、检修。

（6）完成文件整理和存档。

二、检修电路训练

（1）主接触器 KM 不能吸合的检修。

1）原理分析，确定是主电路还是控制电路的故障。

2）确定快速查找故障的方案。

3）按照故障检修方案检查，确定故障点并排除故障。

4）填写故障记录单并存档。

（2）按下起动按钮主接触器 KM 吸合，电动机既不能正转，也不能反转的故障检修。

1）原理分析，确定是主电路还是控制电路的故障。

2）在故障范围内检查，确定故障点，排除故障。

3）总结快速检修的技巧。

4）填写故障记录单并存档。

（3）转子电路开路的故障现象分析。

1）原理分析，进行小组讨论，确定故障现象。

2）积累检修经验、技巧。

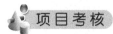 项目考核

一、判断题

1．组合开关也称为转换开关。　　　　　　　　　　　　　　　　　　　　　（　　）

2．当操作频率过低或负载的功率因数较高时，组合开关要降低容量使用，否则会影响开关寿命。　　　　　　　　　　　　　　　　　　　　　　　　　　　　　　　　　　（　　）

3．组合开关的通断能力好，控制电动机作可逆运转时，必须在电动机完全停止转动后，才能反向接通。　　　　　　　　　　　　　　　　　　　　　　　　　　　　　　　　（　　）

4．组合开关的额定电压应大于等于安装地点线路的电压等级。　　　　　　　（　　）

5．过电流继电器属保护电器，它的线圈串接在被保护电路中，当保护电路中的电流减小时，线圈电流低于整定值，继电器动作。　　　　　　　　　　　　　　　　　　　　（　　）

6．主令控制器常用来控制频繁操作的多回路控制电路。　　　　　　　　　　（　　）

7．主令控制器的通断能力是指一定条件下触点能够接通或断开的最大电流。　（　　）

8．频敏变阻器的起动方式可以使起动平稳，克服不必要的机械冲击力。　　　（　　）

9．频敏变阻器只能用于三相笼型异步电动机的起动控制中。　　　　　　　　（　　）

10．万能转换开关本身带有各种保护。　　　　　　　　　　　　　　　　　　（　　）

11．主令控制器除了手动式产品以外，还有由电动机驱动的产品。　　　　　　（　　）

二、选择题

1．电磁式电流继电器动作迅速，可以认为是瞬时动作的，一般用于低压控制电路中，触点额定电流不大于（　　）A。

　A．2　　　　　　　　　B．3　　　　　　　　　C．4　　　　　　　　　D．5

2．在直流电动机拖动的轨道电气控制线路中，电动机的励磁回路中接入的电流继电器应是（　　）。

　　A．欠电流继电器，应将其动断触点接入控制电路

　　B．欠电流继电器，应将其动合触点接入控制电路

　　C．过电流继电器，应将其动断触点接入控制电路

　　D．过电流继电器，应将其动合触点接入控制电路

　3．在直流电动机拖动的轨道电气控制线路中，电动机的电枢回路中接入的电流继电器应是（　　）。

　　A．欠电流继电器，应将其动断触点接入控制电路

　　B．欠电流继电器，应将其动合触点接入控制电路

　　C．过电流继电器，应将其动断触点接入控制电路

　　D．过电流继电器，应将其动合触点接入控制电路

三、简答题

　1．组合开关常用于哪些场合？

　2．凸轮控制器的触点有哪些作用？分别在哪种回路中？

　3．凸轮控制器和主令控制器有何区别？各有什么用途？

　4．凸轮控制器控制线路有哪些保护环节？

　5．如何选择和整定过电流继电器？

　6．绕线式电动机的特点和使用场合有哪些？

　7．绕线电动机串电阻起动的目的和方法是什么？

　8．什么是凸轮控制器的零位保护？

四、技能题

用板前槽配线的工艺制作转子串电阻起动控制电路。考核要求及评分标准见表4.7。

表 4.7　　　　　　　　　　　　　　考核要求与评分标准

序号	考核内容	考核要求	评分标准	配分	扣分	得分
1	（1）计划合理 （2）工艺合理	（1）做出可行实施计划 （2）制作项目的工艺过程	每项未完成扣3分	20分		
2	接线图绘制	根据电气原理图正确绘制接线图	每处错误扣1分	20分		
3	安装布线	（1）正确完成器件选择和质检 （2）元件安装位置合理 （3）电气接线符合要求	接线图不正确一处扣1分，一个器件选择或安装不正确、一条线连接不合格扣1分	30分		
4	通电试车	（1）用万用表对主电路进行检查 （2）对信号电路和控制电路进行通电试验 （3）接通主电路的电源不接入电动机进行空载试验 （4）接通主电路的电源接入电动机进行带负载试验，直到电路工作正常为止	一项不正确扣3分	20分		
5	安全文明生产	按生产规程操作	违反安全文明生产规程，扣10分	10分		
6	定额工时	4h	每超5min，扣5分			
	起始时间		合计	100分		
	结束时间		教师签字		年　月　日	

项目五　三相异步电动机反接制动控制与实现

🎓 **知识目标**

（1）了解速度继电器的结构参数、动作原理和选择方法。
（2）了解三相异步电动机反接制动电路的组成和动作原理。

🎓 **能力目标**

（1）能够绘制三相异步电动机反接制动电路的电气原理图、电气安装接线图。
（2）能够制作电路的安装工艺计划。
（3）能够按照工艺计划进行线路的安装、调试。
（4）能根据故障现象分析诊断和故障排除并做检修记录。

☕ **知识准备**

一、速度继电器

速度继电器用于三相异步电动机反接制动线路中检验电动机速度，当速度接近于零时断开电路，避免电动机反向起动。

1．速度继电器的结构和工作原理

速度继电器又称反接制动继电器。它主要由转子、定子及触点三部分组成，如图5.1所示。

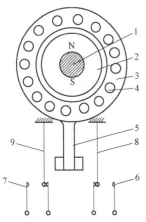

图 5.1　速度继电器结构示意图
1—转轴；2—转子；3—定子；4—绕组；
5—摆锤；6、7—静触点；8、9—动触点

三相异步电动机反接制动控制电路的任务是，当三相电源的相序改变以后，产生与实际转子转动方向相反的旋转磁场，从而产生制动力矩，使电动机在制动状态下迅速降低速度直至接近零时，由速度继电器立即发出信号，切断电源使之停车（否则电动机开始反方向起动）。

速度继电器的转子是一个永久磁铁，与电动机或机械轴连接，随着电动机旋转而旋转。定子与笼型转子相似，内有短路条，它也能围绕着转轴转动。当转子随电动机转动时，它的磁场与定子短路条相切割，产生感应电动势及感应电流，这与电动机的工作原理相同，故定子随着转子转动而转动起来。定子转动时带动杠杆摆锤，摆锤推动触点，使之闭合与分断。当电动机旋转方向改变时，速度继电器的转子与定子的转向也改变，这时定子摆锤就可以触动另外一侧的一组触点，使之分断与闭合。当电动机停止时，继电器的触点即恢复原来的状态。

由于继电器工作时是与电动机同轴的，不论电动机正转或反转，电器的两个动合触点就

有一个闭合，准备实行电动机的反接制动。开始制动后，由控制系统的连锁触点和速度继电器已闭合的触点，形成一个电动机相序反接（俗称倒相）控制通路，使电动机在反接制动下停车；而当电动机的转速接近零时，速度继电器的制动动合触点分断，从而切断电源，使电动机制动状态结束。

2.　常用速度继电器

目前最常用的速度继电器是 JY-1 型速度继电器。JY-1 型速度继电器是利用电磁感应原理工作的感应式速度继电器，广泛用于生产机械运动部件的速度控制和反接控制快速停车，如车床主轴、铣床主轴等。JY1 型速度继电器具有结构简单、工作可靠、价格低廉等特点，故被众多生产机械所采用。

JY-1 型速度控制继电器主要用于三相笼型电动机的反接制动电路，也可用在异步电动机能耗制动电路中，作为电动机停转后，自动切断直流电源。JY-1 型速度控制继电器在连续工作制中，可靠地工作在 3000r/min 以下，在反复短时工作制中（频繁起动、制动）每分钟不超过 30 次。继电器轴转速为 150r/min 左右时，即能动作；100r/min 以下触点恢复常态位置。绝缘强度为：应能承受 50Hz 电压 1500V，历时 1min。绝缘电阻为：在温度 20℃，相对温度不大于 80%时应不小于 100MΩ。工作环境为温度−50～+50℃，相对湿度不大于 85%（20℃±5℃）。触点电流小于或等于 2A，电压小于或等于 500V。触点寿命：在不大于额定负荷之下，机械寿命不小于 10 万次。

3.　速度继电器的选用与安装

（1）使用前的检查。速度继电器在使用前应旋转几次，看其转动是否灵活，胶木摆杆是否灵敏。

（2）安装注意事项。速度继电器一般为轴连接，安装时应注意继电器转轴与其他机械之间的间隙，不要过紧或过松。如需要皮带传动，必须将继电器固定牢固，并另装皮带轮，注意皮带轮的尺寸应能正确反应机械轴或电动机的转速，否则制动准确度会变低。

（3）运行中的检查。应注意速度继电器在运行中的声音是否正常、温升是否过高、紧固螺钉是否松动，以防止将继电器的转轴扭弯或将联轴器的销子扭断。

（4）拆卸注意事项。拆卸时要仔细，不能用力敲击继电器的各个部件。抽出转子时为防止永久磁铁退磁，要设法将磁铁短路。

4.　速度继电器的电路符号

速度继电器的电路符号如图 5.2 所示。

二、三相异步电动机反接制动控制电路的动作原理

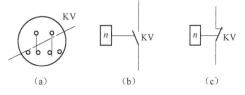

图 5.2　速度继电器电路符号

（a）转子；（b）动合触点；（c）动断触点

反接制动是利用改变电动机电源相序，使定子绕组产生的旋转磁场与转子旋转方向相反，因而产生制动力矩的一种制动方法。应注意的是，当电动机转速接近零时，必须立即断开电源，否则电动机会反向旋转。

另外，由于反接制动电流较大，制动时需在定子回路中串入电阻以限制制动电流。如图 5.3 所示，反接制动电阻的接法有两种：对称电阻接法和不对称电阻接法。

1.　单向运行的三相异步电动机反接制动控制电路

单向运行的三相异步电动机反接制动控制电路如图 5.4 所示。控制电路按速度原则实现

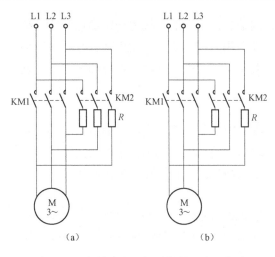

图5.3　三相异步电动机反接制动电阻接法

（a）对称电阻接法；（b）不对称电阻接法

控制，通常采用速度继电器。速度继电器与电动机同轴相连，在 120～3000r/min 范围内速度继电器触点动作，当转速低于 100r/min 时，其触点复位。

该电路工作过程如下：合上自动空气断路器 QF，按下起动按钮 SB2，接触器 KM1 通电，电动机 M 起动运行，随着转速的升高，速度继电器 KV 动合触点闭合，为制动做好准备。制动时按下停止按钮 SB1，KM1 断电，KM2 得电（KV 动合触点尚未打开），KM2 主触点闭合，定子绕组串入限流电阻 R 进行反接制动（相序已改变），$n \approx 0$ 时，KV 动合触点断开，KM2 断电，电动机制动结束。

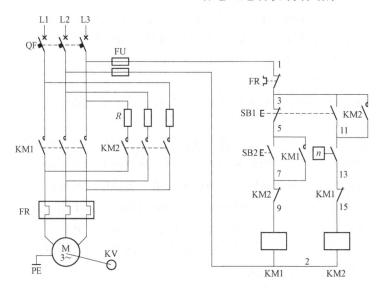

图5.4　单向运行的三相异步电动机反接制动控制电路

2. 速度原则可逆运行反接制动控制电路

速度原则可逆运行反接制动控制电路如图 5.5 所示。工作过程作为读图练习，读者自行分析。

3. 以时间为变化参量控制起动、以速度为控制参量的反接制动控制电路

图 5.6 所示为采用以时间为变化参量控制起动、以速度为变化参量的反接制动控制电路。速度信号来自转子电压，接在转子两相的桥式整流器向反接继电器 KR 线圈供电，实现以转速为变化参量的控制。

该电路通过主令控制器手柄置于不同位置，可获得三种速度：当手柄置于"3"位时，起动完毕全部电阻切除；当手柄置于"2"位时，转子中保留一段电阻；当手柄置于"1"位时，转子中保留全部起动电阻，即 R_2 与 R_3。下面对该电路的工作过程进行分析。

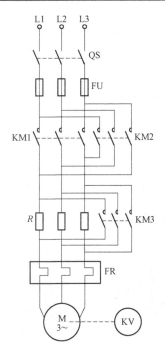

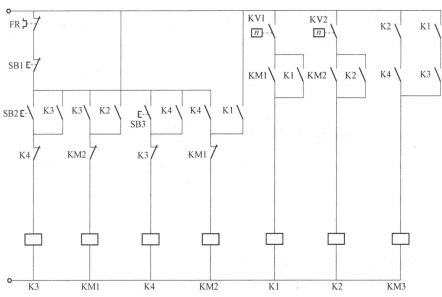

图 5.5 速度原则可逆运行反接制动控制电路

（1）起动前的准备。将主令控制器的手柄置"0"位，合电源开关 QS1、QS2，则：

1）零位继电器 KV 通电并自锁，为起动做好准备；

2）断电延时型时间继电器 KT1～KT4 线圈均通电，其动断触点均打开，确保起动开始 KM3、KM4、KM5 线圈均断电，减小起动冲击。

（2）起动过程。起动时，将主令控制器手柄从"0"位扳向正转"3"位置，主令控制器的触点 SA2、SA3、SA5、SA6 均接通，各电器动作情况如下：

1）接触器 KM、KM1 线圈通电，主触点闭合，接通电动机定子绕组，电动机在转子绕组串全部电阻情况下起动。

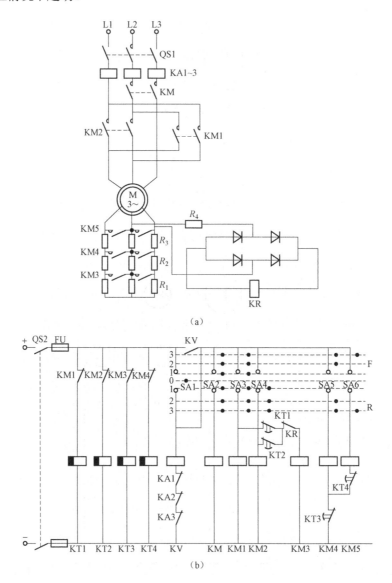

图 5.6　以时间为变化参量控制起动、以速度为控制参量的反接制动控制电路

（a）主电路；（b）控制电路

2）KM1 动断触点断开，时间继电器 KT1 线圈断电开始延时。当延时结束时，KT1 的动断触点闭合。由于此时 KR 未动作，其动断触点闭合，所以接触器 KM3 线圈通电，动合触点闭合，切除反接电阻 R_1，KM3 的动断触点断开使时间继电器 KT3 断电延时。当延时结束时，KT3 的动断触点闭合，KM4 线圈通电，其动合触点闭合切除电阻 R_2，KT4 的动断触点断开使 KT4 线圈断电开始延时。当延时结束时，KT4 的动断触点闭合，KM5 线圈通电，KM5 的主触点闭合，切除电阻 R_3，电动机进入正常运行。

在起动刚开始，由于时间继电器 KT1 的作用，反接电阻 R_1 接入转子电路一段时间，为起动做好准备，以免在起动时，因起动转矩大而使各连接件产生冲击。

（3）反接过程。反接时，将主令控制器从正转位置扳向反转位置（如扳向反转位置"3"），当手柄经过零位时，全部接触器释放，然后 KM、KM2 接通，电动机定子绕组电源相序改变，虽然 KT2 线圈断电，但其触点需经延时才能闭合，保证反接继电器 KR 来得及动作，不会因为手柄扳动过快，而误将反接接触器 KM3 接通，造成反接电流过大。此时，电动机将在转子电阻全部接入的情况下进行反接制动，并且 KR 因达到吸合值而动作，电动机转速迅速下降。当电动机转速接近于零，也就是电动机转子电动势下降达到 KR 的释放值时，KR 释放，KR 的动断触点闭合，由于此时 KT2 的延时已结束，其动断触点已闭合，所以 KM3 线圈通电，动合触点闭合，切除反接电阻，电动机进行反向起动。其控制过程与正向起动类似，这里就不再赘述了。可见，电动机在由正转到反转时，先要经过反接制动，然后再起动。

（4）停车过程。该电路中，欲使电动机停车，则将主令控制器的手柄置于"0"位，进行自由停车。

该电路中的保护元件和用途：

（1）KA1~KA3 用作过流保护，当电路出现过流时，其动断触点断开。

（2）KV 的失压保护，线圈断电，KV 的动合触点断开，全部接触器释放，切断电路，电源恢复时 KV 线圈不能自动通电。

由于该电路能够正确地反应转速变化，不受负载变化的影响，因此获得了广泛的应用。

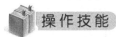 操作技能

一、三相异步电动机单向运行速度原则反接制动控制电路的制作

（1）采用 4 号图纸，绘制三相异步电动机单向运行速度原则反接制动控制电路原理图。图 5.7 为参考图样，注意主电路采用粗实线，控制电路采用细实线。

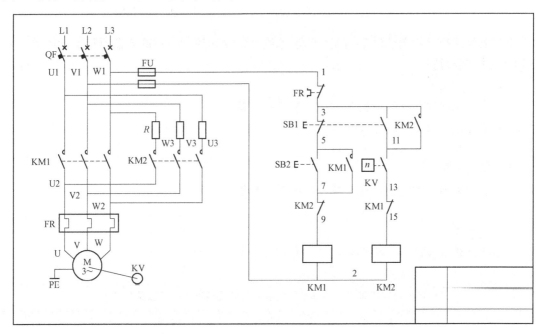

图 5.7　三相异步电动机单向运行速度原则反接制动控制电路原理图参考图样

（2）根据原理图画出相应电路的电气安装接线图，如图 5.8 所示。

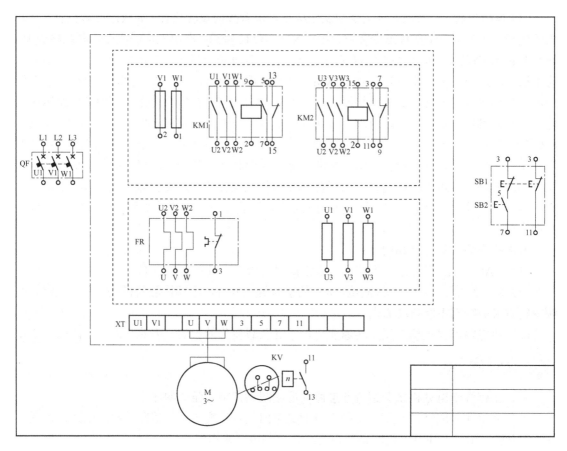

图 5.8　单向运行速度原则反接制动控制线路的电气安装接线图

（3）填写三相异步电动机单向运行速度原则反接制动控制电路的电器材料配置清单（见表 5.1），并领取材料。

（4）电工工具准备。

（5）确定配电板底板的材料和大小，并进行剪裁。

（6）裁剪走线槽，并进行安装。

（7）选择器件，并进行质量检查。

（8）安装器件。

（9）采用板前明配线的方式，按照接线图进行配线。

 注　意

接线时要认真仔细。接线错误，不易查找。

表 5.1　　　　三相异步电动机单向运行速度原则反接制动控制电路的电器材料清单

代号	器件名称	型号规格	数量	生产厂家（备注）
QF	自动空气断路器	15A	1	
FU	熔断器	RT1A	2	

续表

代号	器件名称	型号规格	数量	生产厂家（备注）
KM	交流接触器	CJ20-16	2	
FR	热继电器	JR20-16	1	
KV	速度继电器		1	
SB	起停按钮	LA19	1	双联按钮
M	电动机	三相异步电动机	1	7.5kW 以下
	配电板	使用面积（40×40）cm²	1	
XT	接线端子	不少于 15 组	1	
R	电阻器	5A	3	
BV	导线	硬导线截面积为 1mm²	若干	

二、三相异步电动机单向运行速度原则反接制动控制电路的调试与检修

1. 调试前的准备

（1）检查各使用器件是否符合设计要求。

（2）验证绝缘电阻是否符合要求。

2. 调试过程

（1）电路不接电源，用万用表的 Ω 挡进行测试。

（2）接通控制电路电源测试控制电路。

（3）接通主电路和控制电路的电源测试整个电路。

3. 常见故障检修

交流异步电动机反接制动控制电路常用速度继电器来自动控制，因此其典型故障也常出自速度继电器。

（1）电动机起动、运行正常，但按下 SB1 时电动机断电继续惯性旋转，无制动作用。这时应检查 KM2 各触点及其接线有无问题，并检查 SB1 的动合触点。如果上述检查没有问题，则要检查速度继电器 KV，如其触点接触不良或胶木摆杆断裂，则进行修理或更换。另外，还可起动电动机，待其转速上升到一定值时观察 KV 的摆杆动作，如果发现摆杆摆向未使用的另一组触点，则说明是 KV 的两组触点用错，应改接另一组触点。

（2）电动机有制动作用，但在 KM2 释放时，电动机的转速仍较高，这说明 KM2 释放太早。如有转速表可测量 KM2 释放时电动机的转速，一般应在 100r/min 左右，若转速太高可进行调节。松开速度继电器 KV 的触点复位弹簧的锁定螺母，将弹簧的压力调小后再将螺母锁紧。重新观察制动的效果，反复调整。

（3）电动机制动时，KM2 释放后电动机发生反转。这是由于 KV 复位太迟引起的故障，原因是 KV 触点复位弹簧压力过小，应按上述方法将复位弹簧的压力调大，并反复调整试验，直至达到合适程度。

三、文件整理和记录

1. 填写检修记录单

认真填写三相异步电动机单向运行速度原则反接制动控制电路检修记录单，见表 5.2。

表 5.2　　　　　　　三相异步电动机单向运行速度原则反接制动控制电路检修记录单

序号	代号	设备名称	故障现象	故障原因	维修方法	维修日期
1	QF	自动空气断路器				
2	FU	熔断器				
3	KM1	交流接触器				
4	KM2	交流接触器				
5	FR	热继电器				
6	KV	速度继电器				
7	SB	起停按钮				
8	M	电动机				

2. 文件存档

设备制作调试完成后，将设备的原理图、接线图、器件材料配置清单、检修记录等材料按顺序排好，装入档案袋存档。

四、安全操作

（1）采用万用表 Ω 挡检修单向运行速度原则反接制动控制电路的故障。

（2）特别注意 KM2 和 KM3 互锁部分接线是否正确。

（3）先在不通电的情况下进行测试，电路正常后通电试车，有异常现象立即停车。

（4）低压断路器自动跳闸后，查清原因再重新合闸。

（5）自觉遵守安全操作规范，养成好的工作习惯。

技能训练

一、用板前槽配线的工艺制作三相异步电动机单向运行速度原则反接制动控制电路

（1）写出三相异步电动机单向运行速度原则反接制动控制电路的制作工艺过程。

（2）按照绘制电气原理图的规则，用 4 号图纸绘制三相异步电动机单向运行速度原则反接制动控制电路的电气原理图。

（3）根据原理图和绘制接线图的规则，用 4 号图纸绘制三相异步电动机单向运行速度原则反接制动控制线路的电气安装接线图。

（4）检查元件，完成元件安装和电路的制作。

（5）采用万用表进行初步检查、检修线路。

（6）在教师监护下通电试车、检修。

（7）完成文件整理和存档。

二、检修电路训练

（1）电动机能正常起动，但停车时无制动的检修。

1）原理分析，确定故障范围。

2）测量、测试，找出故障点并排除。

3）填写故障记录单并存档。

（2）按下起动按钮三相异步电动机不能正常起动的故障检修。

1）原理分析，确定不能起动的故障范围。

2）在故障范围内检查确定故障点，排除故障。

3）总结快速检修的经验。

4）填写故障记录单并存档。

（3）KM2 释放后电动机发生反转的故障现象分析。

1）原理分析，进行小组讨论，确定故障现象。

2）积累检修经验、技巧。

项目考核

一、判断题

1．速度继电器用于三相异步电动机反接制动电路中检验电动机速度，当速度接近于零时断开电路，避免电动机反向起动。　　　　　　　　　　　　　　　　　　　　　　　（　　）

2．速度继电器又称反接制动继电器。　　　　　　　　　　　　　　　　　　　（　　）

3．由于继电器工作时是与电动机同轴的，不论电动机正转或反转，电器的两个动合触点，就有一个闭合，准备实行电动机的反接制动。　　　　　　　　　　　　　　　　　（　　）

4．JY-1 型速度控制继电器主要用于三相笼型电动机的反接制动电路，也可用在异步电动机能耗制动电路中。　　　　　　　　　　　　　　　　　　　　　　　　　　　　（　　）

5．反接制动是利用改变电动机电源相序，使定子绕组产生的旋转磁场与转子旋转方向相同，因而产生制动力矩的一种制动方法。　　　　　　　　　　　　　　　　　　　（　　）

6．反接制动时，当电动机转速接近零时，不须立即断开电源。　　　　　　　　（　　）

7．由于反接制动电流较大，制动时需在定子回路中串入电阻以限制制动电流。（　　）

二、选择题

1．速度继电器与电动机同轴相连，当转速低于（　　）r/min 时，其触点复位。

　　A．100　　　　　　B．200　　　　　　　　C．300　　　　　　　　D．400

2．速度继电器的转子是一个（　　），与电动机或机械轴连接，随着电动机旋转而旋转。

　　A．永久磁铁　　　　B．电磁铁　　　　　　C．铁心　　　　　　　D．钢芯

3．当电动机的转速接近（　　）r/min 时，速度继电器的制动动合触点分断，从而切断电源，使电动机制动状态结束。

　　A．0　　　　　　　B．100　　　　　　　　C．150　　　　　　　　D．200

4．抽出转子时为防止永久磁铁退磁，要设法将磁铁（　　）短路。

　　A．放在干燥处　　B．短路　　　　　　　C．开路　　　　　　　D．放在磁场中

5．合上自动空气断路器 QF，按下起动按钮 SB2，接触器 KM1 通电，电动机 M 起动运行，随着转速的升高，速度继电器 KV 动合触点闭合，为（　　）做好准备。

　　A．制动　　　　　　B．起动　　　　　　　C．调速　　　　　　　D．加速

6．制动时按下停止按钮（　　）SB1，KM1 断电，KM2 得电，KM2 主触点闭合，定子绕组串入限流电阻 R 进行反接制动。

　　A．SB1　　　　　　B．SB2　　　　　　　C．SB3　　　　　　　D．SB4

7．主令控制器手柄置于（　　）位时，起动完毕全部电阻切除。

　　A．0　　　　　　　B．1　　　　　　　　　C．2　　　　　　　　　D．3

三、简答题

1．图 5.9 所示为三相异步电动机正反转控制电路图，请检查图中哪些地方画错了，说明

原因并加以改正。

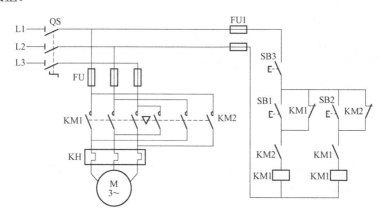

图 5.9　三相异步电动机正反转控制电路图

2．为什么要进行制动？电气制动一共有哪几种方法？

3．反接制动一般采用速度原则？为什么不允许采用时间原则？

4．自行设计笼型异步电动机正反转反接制动电路图。

5．简述反接制动的原理。

6．简述反接制动的优点、缺点和适用场合。

四、技能题

制作正反转控制电路。项目考核要求与评分标准见表 5.3。

表 5.3　　　　　　　　　　　　　考核要求与评分标准

序号	考核内容	考核要求	评分标准	配分	扣分	得分
1	（1）计划合理 （2）工艺合理	（1）做出可行实施计划 （2）制作项目的工艺过程	每项未完成扣 3 分	20 分		
2	接线图绘制	根据电气原理图正确绘制接线图	每处错误扣 1 分	20 分		
3	安装布线	（1）正确完成器件选择和质检 （2）元件安装位置合理 （3）电气接线符合要求	接线图不正确一处扣 1 分，一个器件选择或安装不正确、一条连接不合格扣 1 分	30 分		
4	通电试车	（1）用万用表对主电路进行检查 （2）对信号电路和控制电路进行通电试验 （3）接通主电路的电源不接入电动机进行空载试验 （4）接通主电路的电源接入电动机进行带负载试验，直到电路工作正常为止	一项不正确扣 3 分	20 分		
5	安全文明生产	按生产规程操作	违反安全文明生产规程，扣 10 分	10 分		
6	定额工时	4h	每超 5min，扣 5 分			
	起始时间		合计	100 分		
	结束时间		教师签字		年　月　日	

项目六 CA6140型车床电气控制与实现

知识目标

（1）了解车床的主要运动形式。

（2）掌握CA6140型车床电路工作原理及分析方法。

（3）学会故障的分析方法及故障的检测流程。

能力目标

（1）能对普通车床电路进行安装、调试。

（2）能对普通型车床电路进行检修。

知识准备

一、CA6140型车床基本结构

CA6140型车床是一种应用极为广泛的金属切削通用机床，能够车削外圆、内圆、端面、螺纹、螺杆、切断、割槽以及车削定型表面等，并可以装上钻头或铰刀进行钻孔和铰孔等加工。

图6.1所示为CA6140型车床的结构示意图。它主要由床身、主轴箱、进给箱、溜板箱、刀架、卡盘、尾架、丝杠和光杠等部分组成。

CA6140型车床的型号含义为：

类代号(车床类)─┐ C A 6 1 40 ─ 工件最大回转半径400mm
结构特征代号 ─┘ │ └─ 系代号(卧式车床系)
│
└─ 组代号(落地及卧式车床组)

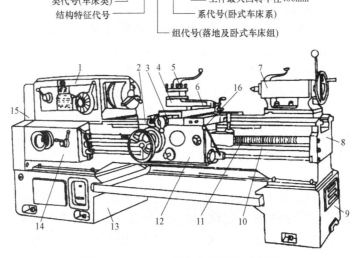

图6.1 CA6140型车床的结构示意图

1—主轴箱；2—纵溜板；3—横溜板；4—转盘；5—刀架；6—小溜板；7—尾架；8—床身；9—右床座；
10—光杆；11—丝杠；12—溜板箱；13—左床座；14—进给箱；15—挂轮架；16—操纵手柄

二、CA6140 型车床主要运动形式及控制要求

CA6140 型车床的运动形式有切削运动、进给运动、辅助运动。切削运动包括卡盘带动工件旋转的主运动和刀具的直线进给运动。进给运动是刀架带动刀具的直线运动。辅助运动有尾架的纵向移动、工件的夹紧与放松等。车床工作时，绝大部分功率消耗在主轴运动上。

1. 主运动

主运动，是指主轴通过卡盘或顶尖带动工件的旋转运动。对主运动的控制要求：

（1）主轴选用三相笼型异步电动机拖动，不进行调速。主轴采用齿轮箱进行机械有级调速。

（2）车削螺纹时要求主轴有正反转，一般由机械方法实现。主轴电动机只作单向旋转。

（3）主轴电动机的容量不大，可采用直接起动。

2. 进给运动

进给运动，是指刀架带动刀具的直线运动，由主轴电动机的动力通过挂轮箱皮带传递给进给箱来实现刀具的纵向和横向进给。加工螺纹时，要求刀具的移动和主轴转动有固定的比例关系。

3. 辅助运动

（1）刀架快速移动，由快速移动电动机拖动，该电动机采用点动控制，不需要正反转和调速。

（2）尾架的纵向移动，由手动操作控制。

（3）工件的夹紧与放松，由手动操作控制。

（4）加工过程的冷却。冷却泵电动机和主轴电动机要实现顺序控制，冷却泵电动机也不需要正反转和调速。

三、CA6140 型车床电路工作原理

如图 6.2 所示为 CA6140 型车床电路原理图。

1. 绘制和识读机床电气图的基本知识

（1）电气原理图按电路功能分成若干个单元，并用文字将其功能标注在原理图上部的栏内。例如，图 6.3 所示原理图按功能分为电源保护、电源开关、主轴电动机等 13 个单元。

（2）在原理图下部（或上部）分若干图区，并从左向右依次用阿拉伯数字编号标注在图区栏内。通常是一条回路或一条支路划为一个图区，如图 6.2 所示原理图共划分了 12 个图区。

（3）原理图中，在每个接触器线圈下方画出两条竖直线，分成左、中、右三栏，每个继电器线圈下方画出一条竖直线，分成左、右两栏。把受其线圈控制而动作的触点所处的图区号填入相应的栏内，对备而未用的触点，在相应的栏内用记号"×"标出或不标出任何符号。

（4）原理图中触点文字符号下面用数字表示该电器触点所处的图区号。

2. 主电路

主电路有三台电动机，均为正转控制。主轴电动机 M1 由交流接触器 KM 控制，带动主轴旋转和工件做进给运动；冷却泵电动机 M2 由中间继电器 KA1 控制，输送切削冷却液。

刀架快速移动电动机 M3 由 KA2 控制，在机械手柄的控制下带动刀架快速做横向或纵向进给运动。主轴的旋转方向、主轴的变速和刀架的移动方向均由机械控制实现。

主轴电动机 M1 和冷却泵电动机 M2 设过载保护，FU 作主轴电动机 M1 的短路保护，FU1 作为冷却泵电动机 M2、快速移动电动机 M3、控制变压器 TC 一次绕组的短路保护。

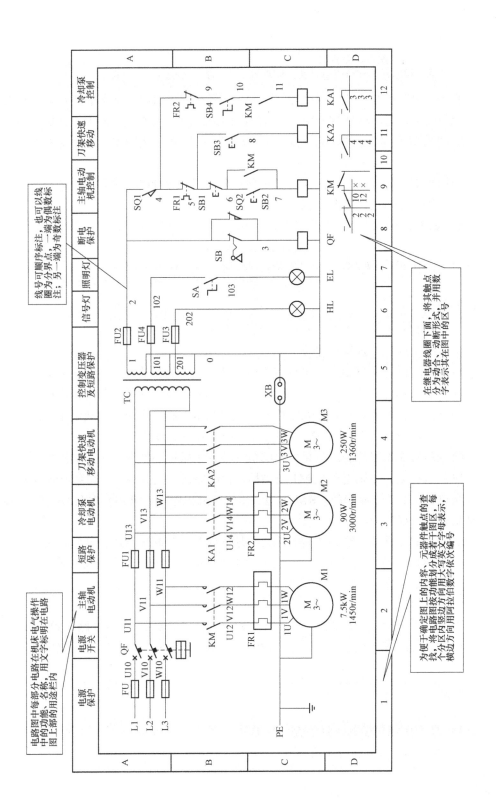

图 6.2　CA6140 型车床电路原理图

3．控制电路

（1）机床电源引入，过程如下：

合上配电箱壁龛门————————┐
插入钥匙开关旋至接通位置，SB断开 ——→ 合上QF引入三相电源

正常工作状态下 SB 和 SQ2 处于断开状态，QF 跳闸线圈不通电。SQ2 装于配电箱壁龛门后，打开配电箱壁龛门时，SQ2 恢复闭合，QF 跳闸线圈得电，QF 自动断开，切断电源进行安全保护。控制回路的电源由控制变压器 TC 二次侧输出 110V 电压提供，FU2 为控制回路提供短路保护。

（2）主轴电动机 M1 的控制。为保证人身安全，车床正常运行时必须将皮带罩合上，位置开关 SQ1 装于主轴皮带罩后，起断电保护作用。

M1 起动过程如下：

按下SB2 ——→ KM线圈得电 ——┬──→ KM的自锁触点(8区)闭合
　　　　　　　　　　　　　　├──→ KM主触点(2区)闭合 ——→ M1起动运转
　　　　　　　　　　　　　　└──→ KM的动合触点(10区)闭合，为KA1得电做准备

M1 停止过程如下：

按下SB1 ——→ KM线圈失电 ——→ KM触点复位断开 ——→ M1失电停转

FR1 作为主轴电动机的过载保护装置。

（3）快速移动电动机 M3 控制。刀架快速移动电动机 M3 的起动，由安装在刀架快速进给操作手柄顶端按钮 SB3 点动控制。它与中间继电器 KA2 组成点动控制环节。将操作手柄扳到所需移动的方向，按下 SB3，KA2 得电吸合，电动机 M3 起动运转，刀架沿指定的方向快速移动。刀架快速移动电动机 M3 是短时间工作，故未设过载保护。

（4）冷却泵电动机 M2 的控制。冷却泵电动机 M2 与主轴电动机 M1 采用顺序控制，只有当接触器 KM 线圈得电，主轴电动机 M1 起动后，转动旋钮开关 SB4，中间继电器 KA1 线圈得电，冷却泵电动机 M2 才能起动。KM 失电，主轴电动机停转，M2 自动停止运行。FR2 为冷却泵电动机提供过载保护。

提示：控制电路的分析可按控制功能的不同，划分成若干控制环节进行分析，采用"化零为整"的方法；在对各控制环节分析时，还应注意各控制环节之间的联锁关系，最后再"积零为整"对整体电路进行分析。

4．照明、信号回路

控制变压器 TC 的二次侧输出的 24、6V 电压分别作为车床照明、信号回路电源，FU4、FU3 分别为其各自的回路提供短路保护。EL 为车床的低压照明灯，由开关 SA 控制；HL 为电源指示灯。

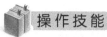 操作技能

一、CA6140 型车床电气控制电路的安装与调试

1．工具、仪表、器材及元器件准备

（1）工具：电工常用工具。

（2）仪表：MF47 型万用表、500V 绝缘电阻表、钳形电流表等。

（3）器材：控制板、走线槽、各种规格的软线和紧固件、金属软管、编码套管等。

（4）CA6140 型车床电气元件明细表见表 6.1。

表 6.1　　　　　　　　　　　**CA6140 型车床电气元件明细表**

代号	名称	型号及规格	数量	用途	备注
M1	主轴电动机	Y132M-4-B3，7.5kW，1450r/min	1	主传动	
M2	冷却泵电动机	AOB-25，90W，3000r/min	1	输送冷却液	
M3	快速移动电动机	AOS5634，250W，1360r/min	1	溜板快速移动	
FR1	热继电器	JR2016-20/3D，15.4A	1	M1 过载保护	
FR2	热继电器	JR20-20/3D，0.32A	1	M2 过载保护	
KM	交流接触器	CJ20-20，线圈电压 110V	1	控制 M1	
KA1	中间继电器	JZ7-44，线圈电压 110V	1	控制 M2	
KA2	中间继电器	JZ7-44，线圈电压 110V	1	控制 M3	
SB1	按钮	LAY3-01ZS/1	1	停止 M1	
SB2	按钮	LAY3-10/3.11	1	启动 M1	
SB3	按钮	LA9	1	启动 M3	
SB4	旋钮开关	LAY3-10X/2	1	控制 M2	
SQ1、SQ2	位置开关	JWM6-11	2	断电保护	
HL	信号灯	ZSD-0.6V	1	刻度照明	无灯罩
QF	断路器	AM2-40，20A	1	电源开关	
TC	控制变压器	JBK2-100，380V/110V/24V/6V	1	控制、照明	110V，50V·A 24V，45V·A
EL	机床照明灯	JC11	1	工作照明	
SB	旋钮开关	LAY3-01Y/2	1	电源开关锁	带钥匙
FU1	熔断器	BZ001，熔体 6A	1		
FU2	熔断器	BZ001，熔体 1A	1	110V 控制电源	
FU3	熔断器	BZ001，熔体 1A	1	信号灯电路	
FU4	熔断器	BZ001，熔体 2A	1	照明灯电路	

2．CA6140 型车床元件位置图及接线图

CA6140 型车床元件位置图如图 6.3 所示。CA6140 型车床盘外器件接线图如图 6.4 所示。

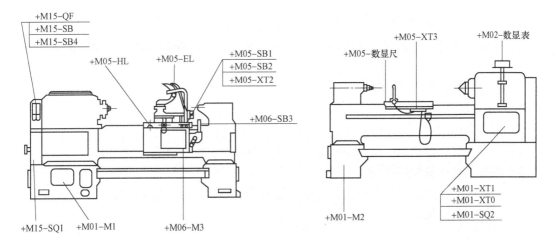

图 6.3　CA6140 型车床元件位置图

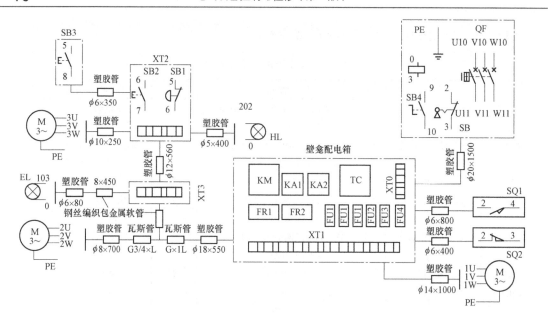

图 6.4　CA6140 型车床盘外器件接线图

3．安装步骤及工艺要求

（1）选配并检验元件和电气设备。

1）按表 6.1 配齐电气设备和元件，并逐个检验其规格和质量。

2）根据电动机的容量、线路走向及要求和各元件的安装尺寸，正确选配导线的规格、导线通道类型和数量、接线端子板、控制板、紧固体等。

（2）在控制板上固定电器元件和走线槽，并在电器元件附近做好与电路图上相同代号的标记。

安装走线槽时，应做到横平竖直、排列整齐匀称、安装牢固和便于走线等。

（3）按接线图在控制板上进行板前线槽配线，并在导线端部套编码套管。按板前线槽配线的工艺要求进行。

（4）进行控制板外的元件固定和布线。

1）选择合理的导线走向，做好导线通道的支持准备。

2）控制箱外部导线的线头上要套装与电路图相同线号的编码套管；可移动的导线通道应留适当的余量。

3）按规定在通道内放好备用导线。

（5）自检。

1）根据电路图检查电路的接线是否正确和接地通道是否具有连续性。

2）检查热继电器的整定值和熔断器中熔体的规格是否符合要求。

3）检查电动机及线路的绝缘电阻。

4）检查电动机的安装是否牢固，与生产机械传动装置的连接是否可靠。

5）清理安装现场。

（6）通电试车。

1）接通电源，点动控制各电动机的起动，以检查各电动机的转向是否符合要求。

2）先空载试车，正常后方可接上电动机试车。空载试车时，应认真观察各电器元件、线路、电动机及传动装置的工作是否正常；发现异常，应立即切断电源进行检查，待调整或修复后方可再次通电试车。

4．注意事项

（1）电动机和线路的接地要符合要求。严禁采用金属软管作为接地通道。

（2）在控制箱外部进行布线时，导线必须穿在导线通道或敷设在机床底座内的导线通道里，导线的中间不允许有接头。

（3）在进行快速进给时，要注意将运动部件置于行程的中间位置，以防运动部件与车床的头或尾架相撞。

（4）试车时，要先合上电源开关，后按起动按钮；停车时，要先按停止按钮，后断电源开关。

（5）通电试车必须在教师的监护下进行，必须严格遵守安全操作规程。

二、CA6140 型车床电气控制线路检修

1．工具

试电笔、电工刀、尖嘴钳、斜口钳、剥线钳、螺钉旋具、活扳手等。

2．仪表

万用表、绝缘电阻表、钳形电流表。

3．机床

CA6140 型车床或 CA6140 型车床模拟电气控制柜。

4．部分故障检修步骤

当需要打开配电盘壁龛门进行带电检修时，应将行程开关 SQ2 的传动杠拉出，使自动空气断路器 QF 仍可合上。关上壁龛门后，SQ2 复原恢复保护作用。

（1）合上电源开关 QF，按下起动按钮 SB2，KM 不吸合，主轴电动机 M1 不能起动。故障检测流程如图 6.5 所示。

在故障测量时，对于同一个线号至少有两个相关接线连接点，应根据电路逐一测量，判断是属于连接点处故障还是同一线号两连接点之间的导线故障。

以上的检测流程是按电压法逐一展开进行的，实际检测中应根据充分试车情况尽量缩小故障区域。例如，对于上述故障现象，若刀架快速移动正常，故障将限于 0～5 号线之间的区域。在实际测量中还应注意元器件的实际安装位置，为缩短故障的检测时间，应将处于同一区域元件上有可能出现故障的点优先测量。例如，KM 不能吸合，当在壁龛箱内测量 0—5 电压正常后不能马上去拆按钮盒，检查 SB1 是否有故障，而应在壁龛箱内量 0 至端子排上 6 号接线端电压是否正常，没有电压才能断定故障在到按钮 SB1 去的线或 SB1 本身故障，此时才能拆按钮盒检查。

提示：控制电路的故障测量尽量采用电压法，当故障测量到后应断开电源再排除。

（2）按下起动按钮 SB2，KM 吸合但主轴不转。因 KM 吸合，则故障必然发生在主电路。故障检修流程如图 6.6 所示。

对于接触器吸合而电动机不运转的故障，属于主回路故障。主回路故障应立即切断电源，按以上流程逐一排查，不可通电测量，以免电动机因缺相而烧毁。

提示：主回路故障时，为避免因缺相在检修试车过程中造成电动机损坏的事故，继电器主触点以下部分最好采用电阻检测方法。

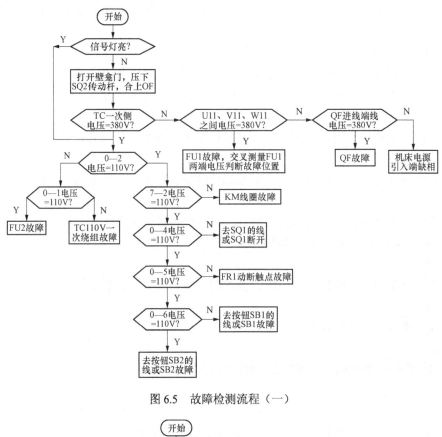

图 6.5　故障检测流程（一）

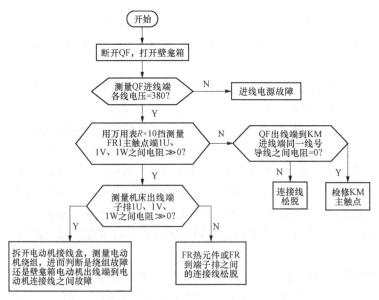

图 6.6　故障检测流程（二）

（3）按下 SB3，刀架快速移动电动机不能起动。故障检修流程如图 6.7 所示。

提示：故障检测时应根据电路的特点，通过相关和允许的试车，尽量缩小故障范围。

CA6140 型车床其他常见电气故障的检修见表 6.2。

表 6.2　　　　　　　　　　CA6140 型车床其他常见电气故障的检修

故障现象	故障原因	处理方法
主轴电动机 M1 起动后不能自锁，即按下 SB2，M1 起动运转，松开 SB2，M1 随之停止	接触器 KM 的自锁触点接触不良或连接导线松脱	合上 QF，测 KM 自锁触点（6—7）两端的电压，若电压正常，故障是自锁触点接触不良，若无电压，故障是连线（6、7）断线或松脱
主轴电动机 M1 不能停止	KM 主触点熔焊；停止按钮 SB1 被击穿或线路中 5、6 两点连接导线短路；KM 铁心端面被油垢粘牢不能脱开	断开 QF，若 KM 释放，说明故障是停止按钮 SB1 被击穿或导线短路；若 KM 过一段时间释放，则故障是铁心端面被油垢粘牢；若 KM 不释放，则故障为 KM 主触点熔焊，可根据情况采取相应的措施修复
主轴电动机运行中停车	热继电器 FR1 动作，动作原因可能是：电源电压不平衡或过低；整定值偏小；负载过重，连接导线接触不良等	找出 FR1 动作的原因，排除后使其复位
照明灯 EL 不亮	灯泡损坏；FU4 熔断；SA 触点接触不良；TC 二次绕组断线或接头松脱；灯泡和灯头接触不良等	根据具体情况采取相应的措施修复

三、文件整理和记录

1. 填写检修记录单

检修记录单一般包括设备编号、设备名称、故障现象、故障原因、维修方法、维修日期等项目，见表 6.3。记录单可清楚表示出设备运行和检修情况，为以后设备运行和检修提供依据，请一定认真填写。

2. 文件存档

设备制作调试完成后，将设备的电气原理图、电气安装接线图、器件材料配置清单、检修记录等材料按顺序排好，装入档案袋存档。设备使用者，可以根

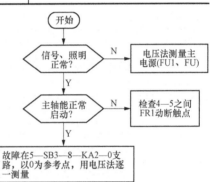

图 6.7　故障检测流程（三）

据这些资料，了解设备的原理、组成设备、器件数量及生产厂家。若使用中设备出现故障修要检修，尽量使用同型号、同规格的器件。检修后填写检修记录单，将检修记录单按照填写的先后顺序排好留存。

表 6.3　　　　　　　　　　　检 修 记 录 单

序号	代号	设备名称	故障现象	故障原因	维修方法	维修日期
1						
2						
3						

技能训练

一、C620 型机床能够起动运行，但在运行中会突然停车的故障分析

C620 型机床电气控制电路原理如图 6.8 所示，其由主电路、控制电路和照明电路三部分组成。

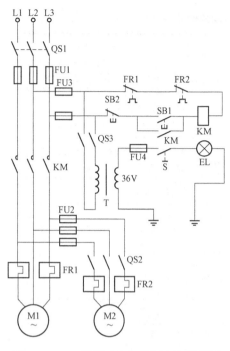

图 6.8　C620 型机床电气控制电路原理图

全电路共有两台电动机，其中 M1 是主轴电动机，拖动主轴旋转和刀架做进给运动。由于主轴是通过摩擦离合器实现正反转的，所以主轴电动机不要求有正反转。主轴电动机 M1 用按钮和接触器控制。M2 是冷却泵电动机，直接用转换开关 QS2 控制。试分析该电路可能的故障原因及检查方法。

二、C6150A 型机床主电动机在合上自动空气断路器 QF1，并按起动按钮 SB3 后无法起动的故障分析

C6150A 型机床主电动机及其控制电路如图 6.9 所示。其中，QF1 为带过载短路保护的总电源开关；T 为隔离变压器，其次级有 4 个绕组，AC110V 二次绕组为主控制电路提供工作电源；FU5 为 AC110V 负载保险元件；QF2 为润滑电动机控制开关内带过流保护的热继电器触点；QF3 为冷却液电动机控制开关内带过流保护的热继电器触点；SQ8 是安装在挂轮箱内的行程开关，箱盖打开后或开关损坏（不能接通）会使整机不工作；用 SB1 与 SB2 主电动机的正、反转方向来改变主轴的转速变换。KM1、KM2 由各自辅助动断触点互锁，其工作由 SA2 切换。试分析可能的故障原因及检查方法。

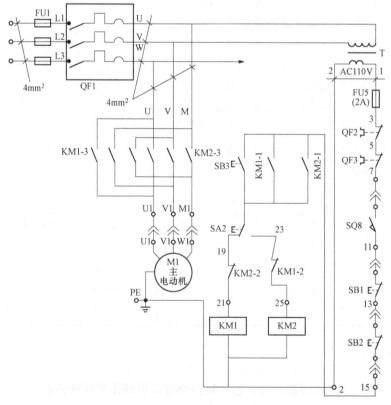

图 6.9　C6150A 型机床主电动机及其控制电路

三、C6150A 型机床通电按起动按钮后主电动机运转正常，但机床主轴不转故障分析

图 6.10 所示为 C6150A 型机床电气控制电路原理图。图中数字 2 与 15 是与图 5.10 中数字 2 与 15 相连的点。图 6.11 所示为 C6150A 型机床主电路原理图。今有故障现象如下：C6150A 型机床通电按起动按钮后主电动机运转正常，但机床主轴不转。试根据故障现象分析故障可能原因，并说明处理方法。

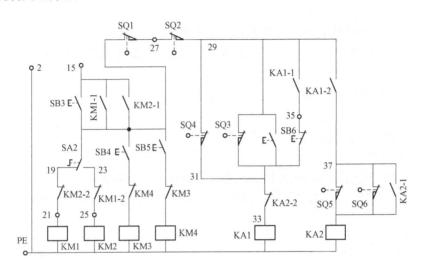

图 6.10　C6150A 型机床电气控制电路原理图

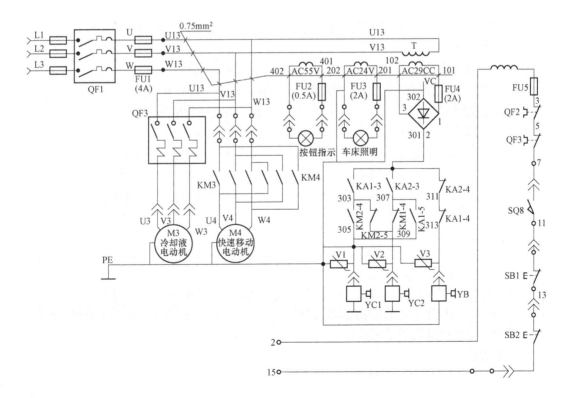

图 6.11　C6150A 型机床主电路原理图

项目考核

一、判断题

1. 车床的进给运动是刀架带动刀具的直线运动。　　　　　　　　　　　　　（　　）

2. 辅助运动有尾架的横向移动、工件的夹紧与放松等。　　　　　　　　　（　　）

3. 车床工作时，绝大部分功率消耗在辅助运动上。　　　　　　　　　　　（　　）

4. 主运动是主轴通过卡盘或顶尖带动工件的旋转运动。　　　　　　　　　（　　）

5. 主轴选用三相笼型异步电动机拖动，不进行调速。主轴采用齿轮箱进行机械有级调速。
　　　　　　　　　　　　　　　　　　　　　　　　　　　　　　　　　（　　）

6. 车削螺纹时要求主轴有正反转，一般由机械方法实现，主轴电动机只作单向旋转。
　　　　　　　　　　　　　　　　　　　　　　　　　　　　　　　　　（　　）

7. 主轴电动机的容量较大，因此采用降压起动。　　　　　　　　　　　　（　　）

8. CA6140 型车床主电路有三台电动机，均为正反转控制。　　　　　　　（　　）

9. 电动机和控制电路的接地严禁采用金属软管作为接地通道。　　　　　　（　　）

10. 试车时，要先合上电源开关，后按起动按钮；停车时，要先按停止按钮，后断电源开关。　　　　　　　　　　　　　　　　　　　　　　　　　　　　　（　　）

二、选择

1. CA6140 型车床的过载保护采用（　　），短路保护采用（　　），失压保护采用（　　）。

　　A. 接触器自锁　　　　　　　　　　　　B. 熔断器

　　C. 热继电器　　　　　　　　　　　　　D. 断路器

2. 车削加工是（　　），因而一般采用三相笼型异步电动机作为驱动电动机。

　　A. 恒功率负载　　　　　　　　　　　　B. 恒转矩负载

　　C. 恒转速负载　　　　　　　　　　　　D. 位能负载

3. 主电动机缺相运行，会发出"嗡嗡"声，输出转矩下降，可能（　　）。

　　A. 烧毁电动机　　　　　　　　　　　　B. 烧毁控制电路

　　C. 电动机加速运转　　　　　　　　　　D. 停车

4. 控制变压器 TC 的二次侧输出的（　　）V 电压作为车床照明回路电源。

　　A. 6　　　　　　B. 12　　　　　　C. 24　　　　　　D. 36

5. 控制变压器 TC 的二次侧输出的（　　）V 电压作为车床信号回路电源。

　　A. 6　　　　　　B. 12　　　　　　C. 24　　　　　　D. 36

三、简答题

1. CA6140 型车床的主轴电动机因过载而自动停车后，操作者立即按起动按钮，但电动机不能起动，试分析可能的原因。

2. CA6140 型车床电气控制线路中有几台电动机？它们的作用分别是什么？

3. CA6140 型车床中，若主轴电动机 M1 只能点动，则可能的故障原因有哪些？在此情况下，冷却泵电动机能否正常工作？

四、技能题

1. CA6140 型车床安装及调试。

项目考核要求与评分标准见表 6.4。

表 6.4　　　　　　　　　　　考核要求与评分标准

序号	考核内容	考核要求	评分标准	配分	扣分	得分
1	元件、导线等的选用	元件、导线等选用正确	（1）电器元件选错型号和规格，每个扣 2分 （2）导线选用不符合要求，扣 4 分 （3）穿线管、编码套管等选用不当，每项扣 2 分	20 分		
2	装前检查	合理检查元件	电器元件漏检或错检，每处扣 1 分	10 分		
3	安装布线	（1）元件安装合理 （2）导线敷设规范 （3）接线正确	（1）电器元件安装不牢固，每只扣 5 分 （2）损坏电器元件，每只扣 10 分 （3）电动机安装不符合要求，每台扣 5 分 （4）走线通道敷设不符合要求，每处扣 5 分 （5）不按电路图接线，扣 20 分 （6）导线敷设不符合要求，每根扣 5 分 （7）漏接接地线，扣 10 分	40 分		
4	通电试车	试车无故障	（1）热继电器未整定或整定错误，每只扣 5 分 （2）熔体规格选用不当，每只扣 5 分 （3）试车不成功，扣 30 分	20 分		
5	安全文明生产	按生产规程操作	违反安全文明生产规程，扣 10 分	10 分		
6	定额工时	10h	每超 5min（不足 5min 以 5min 计），扣 5 分			
	起始时间		合　计	100 分		
	结束时间		教师签字		年　月　日	

2. CA6140 型车床部分故障检修

项目考核要求与评分标准见表 6.5。

表 6.5　　　　　　　　　　　考核要求与评分标准

序号	考核内容	考核要求	评分标准	配分	扣分	得分
1	按下 SB2，M1 起动运转，松开 SB2，M1 随之停止不能起动	分析故障范围，编写检修流程，排除故障	（1）不能找出原因，扣 10 分 （2）编写流程不正确，扣 5 分 （3）不能排除故障，扣 10 分	25 分		
2	主轴电动机运行中停车	分析故障范围，编写检修流程，排除故障	（1）不能找出原因，扣 10 分 （2）编写流程不正确，扣 5 分 （3）不能排除故障，扣 10 分	25 分		
3	按下 SB3，刀架快速移动电动机不能起动	分析故障范围，编写检修流程，排除故障	（1）不能找出原因，扣 10 分 （2）编写流程不正确，扣 5 分 （3）不能排除故障，扣 10 分	20 分		
4	机床照明灯不亮	分析故障范围，编写检修流程，排除故障	（1）不能找出原因，扣 10 分 （2）编写流程不正确，扣 5 分 （3）不能排除故障，扣 10 分	20 分		
5	安全文明生产	按生产规程操作	违反安全文明生产规程，扣 10~30 分	10 分		
6	定额工时	4h	每超 5min（不足 5min 以 5min 计），扣 5 分			
	起始时间		合　计	100 分		
	结束时间		教师签字		年　月　日	

项目七 X62W 型万能铣床电气控制与实现

🎓 **知识目标**

（1）了解 X62W 型万能铣床的结构、作用及主要运动形式。

（2）了解 X62W 型万能铣床元器件的位置、线路的大致走向。

（3）掌握 X62W 型万能铣床电路工作原理。

🎓 **能力目标**

能根据故障现象，分析出故障原因，按照正确的检测步骤，排除 X62W 型万能铣床故障。

☕ **知识准备**

万能铣床是一种通用的多用途机床，可用来加工平面、斜面、沟槽；装上分度头后，可以铣切直齿轮和螺旋面；加装圆工作台，可以铣切凸轮和弧形槽。铣床的控制是机械与电气一体化的控制。

常用的万能铣床有两种：一种是 X62W 型卧式万能铣床，铣头水平方向放置；另一种是 X52K 型立式万能铣床，铣头垂直方向放置。

一、X62W 型万能铣床的基本结构

X62W 型万能铣床的型号含义如下：

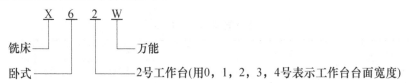

其外形结构如图 7.1 所示，主要由床身、主轴、刀杆、悬梁、工作台、回转盘、横溜板、升降台、底座等部分组成。

在床身前面有垂直导轨，升降台可沿垂直导轨上下移动；在升降台上面的水平导轨上，装有可在平行主轴轴线方向移动（前后移动）的溜板；溜板上部有可转动的回转盘，工作台装于溜板上部回转盘上的导轨上，做垂直于主轴轴线方向移动（左右移动）。工作台上有 T 形槽来固定工件，因此，安装在工作台上的工件可以在三个坐标上的 6 个方向（上下、左右、前后）调整位置或进给。

二、X62W 型万能铣床主要运动形式及控制要求

1. 主运动

主运动是主轴带动铣刀的旋转运动。

铣削加工有顺铣和逆铣两种加工方式，所以要求主轴电动机能正转和反转，但考虑到大多数情况下一批或多批工件只用一个方向铣削，在加工过程中不需要变换主轴旋转的方向，因此用组合开关来控制主轴电动机的正转和反转。

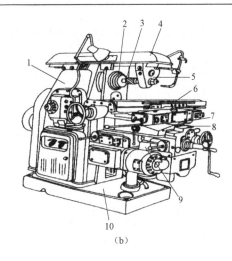

（a）   （b）

图 7.1 X62W 型万能铣床外形图和结构图

（a）外形图； （b）结构图

1—床身；2—主轴；3—刀杆；4—悬梁；5—刀杆挂脚；6—工作台；7—回转盘；8—横溜板；9—升降台；10—底座

铣削加工是一种不连续的切削加工方式，为减小振动，主轴上装有惯性轮，但这样会造成主轴停车困难，为此主轴电动机采用电磁离合器制动以实现准确停车。

铣削加工过程中需要主轴调速，采用改变变速箱的齿轮传动比来实现，主轴电动机不需要调速。

2. 进给运动

进给运动是指工件随工作台在前后、左右和上下六个方向上的运动，以及椭圆形工作台的旋转运动。

铣床的工作台要求有前后、左右和上下六个方向上的进给运动和快速移动，所以要求进给电动机能正反转。为扩大加工能力，在工作台上可加装圆形工作台，圆形工作台的回转运动由进给电动机经传动机构驱动。

为保证机床和刀具的安全，在铣削加工时，任何时刻工件都只能有一个方向的进给运动，因此采用机械操作手柄和行程开关相配合的方式实现六个运动方向的联锁。

为防止刀具和机床的损坏，要求只有主轴旋转后，才允许有进给运动；同时为了减小加工件的表面粗糙度，要求进给停止后，主轴才能停止或同时停止。

进给变速采用机械方式实现，进给电动机不需要调速。

3. 辅助运动

辅助运动包括工作台的快速运动及主轴和进给的变速冲动。

工作台的快速运动是指工作台在前后、左右和上下六个方向之一上的快速移动。它是通过快速移动电磁离合器的吸合，改变机械传动链的传动比实现的。

为保证变速后齿轮能良好啮合，主轴和进给变速后，都要求电动机做瞬时点动，即变速冲动。

三、X62W 型万能铣床电路工作原理

X62W 型万能铣床的电路图如图 7.2 所示，它分为主电路、控制电路和照明电路三部分。

1. 主电路分析

主电路共有三台电动机，其控制和保护电器见表 7.1。

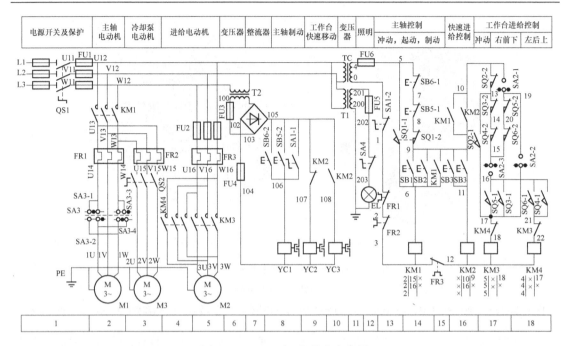

图 7.2 X62W 型万能铣床电路图

表 7.1   主电路的控制与保护电器

名称及代号	功能	控制电器	过载保护电器	短路保护
主轴电动机 M1	拖动主轴带动铣刀旋转	接触器 KM1 和组合开关 3	热继电器 FR1	熔断器 FU1
进给电动机 M2	拖动进给运动和快速移动	接触器 KM3 和 KM4	热继电器 FR3	熔断器 FU2
冷却泵电动机 M3	供应冷却液	手动开关 QS2	热继电器 FR2	熔断器 FU1

2. 控制电路分析

控制电路的电源由控制变压器 TC 输出 110V 电压供电。

（1）主轴电动机 M1 的控制。主轴电动机 M1 的控制包括起动控制、制动控制、换刀控制和变速冲动控制。

为方便操作，主轴电动机的起动、停止以及进给电动机的控制均采用两地控制方式，一组起动按钮 SB1 和停止按钮 SB5 安装在工作台上，另一组起动按钮 SB2 和停止按钮 SB6 安装在床身上。

1）主轴电动机 M1 的起动。主轴电动机起动之前根据加工顺铣、逆铣的要求，将转换开关 SA3 扳到所需的转向位置，即选择好主轴的转速和转向。然后，按下起动按钮 SB1 或 SB2，接触器 KM1 通电吸合并自锁，主轴电动机 M1 起动。KM1 的辅助动合触点（9-10）闭合，接通控制电路的进给线路电源，保证了只有先起动主轴电动机，才可起动进给电动机，避免工件或刀具的损坏。

2）主轴电动机 M1 的制动。为了使主轴停车准确，主轴采用电磁离合器制动。该电磁离合器安装在主轴传动链中与电动机轴相连的第一根传动轴上，当按下停车按钮 SB5 或 SB6 时，接触器 KM1 断电释放，电动机 M1 失电。按钮按到底时，停止按钮的动合触点 SB5-2 或 SB6-2（8 区）闭合，接通电磁离合器 YC1，离合器吸合，将摩擦片压紧，对主轴电动机进行制动。直到主轴停止转动，才可松开停止按钮。主轴制动时间不超过 0.5s。

　　3）主轴变速冲动。主轴变速是通过改变齿轮的传动比进行的，由一个变速手柄和一个变速盘来实现，有 18 级不同转速（30～1500r/min）。为使变速时齿轮组能很好地重新啮合，设置变速冲动装置。变速时，先将变速手柄 3 下压，然后向外拉动手柄，使齿轮组脱离啮合；再转动蘑菇形变速手轮，调到所需转速上，将变速手柄复位。在手柄复位的过程中，压动位置开关 SQ1，SQ1 的动断触点（8-9）先断开，动合触点（5-6）后闭合，接触器 KM1 线圈瞬时通电，主轴电动机 M1 做瞬时点动，使齿轮系统抖动一下，达到良好啮合。当手柄复位后，SQ1 复位，断开了主轴瞬时点动线路，M1 断电，完成变速冲动工作。

　　主轴变速冲动控制示意如图 7.3 所示。

　　4）主轴换刀控制。在主轴更换铣刀时，为避免人身事故，将主轴置于制动状态，即将主轴换刀制动转换开关 SA1 转到"接通"位置，其动合触点 SA1-1（8 区）闭合，接通电磁离合器 YC1，将电动机轴抱住，主轴处于制动状态；其动断触点 SA1-2（13 区）断开，切断控制回路电源，铣床不能通电运转，保证了上刀或换刀时，机床没有任何动作，确保人身安全。当上刀、换刀结束后，将 SA1 扳回"断开"位置。

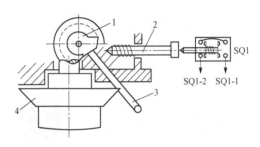

图 7.3　主轴变速冲动控制示意图

1—凸轮；2—弹簧杆；3—变速手柄；4—变速盘

　　（2）进给电动机 M2 的控制。铣床的工作台要求有前后、左右和上下六个方向上的进给运动和快速移动。工作台的进给运动分为工作进给和快速进给。工作进给只有在主轴起动后才可进行，快速进给是点动控制，即使不起动主轴也可进行。工作台的六个方向的运动都是通过操纵手柄和机械联动机构带动相应的位置开关，控制进给电动机 M2 正转或反转来实现的。在正常进给运动控制时，圆工作台控制转换开关 SA2 应转至断开位置。SQ5、SQ6 控制工作台的向左和向右运动，SQ3、SQ4 控制工作台的向前、向下和向后、向上运动。

　　进给驱动系统采用了两个电磁离合器 YC2 和 YC3，都安装在进给传动链中的第四根轴上。当左边的离合器 YC2 吸合时，连接上工作台的进给传动链；当右边的离合器 YC3 吸合时连接上快速移动传动链。

　　1）工作台前后、左右和上下六个方向上的进给运动。工作台的前后和上下进给运动由一个手柄控制，左右进给运动由另一个手柄控制。手柄位置与工作台运动方向的关系见表 7.2。

表 7.2　　　　　　　　　　控制手柄位置与工作台运动方向的关系

控制手柄	手柄位置	行程开关动作	接触器动作	电动机 M2 转	传动链搭合丝杠	工作台运动方向
右进给手柄	左	SQ5	KM3	正转	左右进给丝杠	向左
	中		停止			停止
	右	SQ6	KM4	反转	左右进给丝杠	向右
上下和前后进给手柄	上	SQ4	KM4	反转	上下进给丝杠	向上
	下	SQ3	KM3	正转	上下进给丝杠	向下
	由		停止			停止
	前	SQ3	KM3	正转	前后进给丝杠	向前
	后	SQ4	KM4	反转	前后进给丝杠	向后

下面以工作台的左右移动为例分析工作台的进给运动。左右进给操作手柄与行程开关 SQ5 和 SQ6 联动，有左、中、右三个位置，其控制关系见表 7.2。当手柄扳向中间位置时，行程开关 SQ5 和 SQ6 均未被压合，进给控制电路处于断开状态；当手柄扳向左（或右）位置时（见图 7.4），手柄压下行程开关 SQ5（或 SQ6），同时将电动机的传动链和左右进给丝杠相连。此控制过程如下：

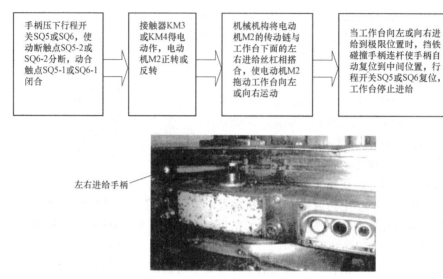

手柄压下行程开关 SQ5 或 SQ6，使动断触点 SQ5-2 或 SQ6-2 分断，动合触点 SQ5-1 或 SQ6-1 闭合 ➡ 接触器 KM3 或 KM4 得电动作，电动机 M2 正转或反转 ➡ 机械机构将电动机 M2 的传动链与工作台下面的左右进给丝杠相搭合，使电动机 M2 拖动工作台向左或向右运动 ➡ 当工作台向左或向右进给到极限位置时，挡铁碰撞手柄连杆使手柄自动复位到中间位置，行程开关 SQ5 或 SQ6 复位，工作台停止进给

左右进给手柄

图 7.4　左右进给操作手柄

工作台的上下和前后进给由上下和前后进给手柄（见图 7.5）控制，其控制过程与左右进给相似。

上下与前后进给手柄

图 7.5　上下与前后进给手柄

通过以上分析可见，两个操作手柄被置定于某一方向后，只能压下四个行程开关 SQ3～SQ6 中的一个开关，接通电动机 M2 正转或反转电路，同时通过机械机构将电动机的传动链与三根丝杠（左右丝杠、上下丝杠、前后丝杠）中的一根（只能是一根）丝杠相搭合，拖动工作台沿选定的进给方向运动，而不会沿其他方向运动。

2）左右进给与上下前后进给的连锁控制。在控制进给的两个手柄中，当其中的一个操作手柄被置定在某一进给方向后，另一个操作手柄必须置于中间位置，否则将无法实现任何进给运动，这是因为在控制电路中对两者实行了连锁保护。如当把左右进给手柄扳向左时，若又将另一个进给手柄扳到向下进给方向，则行程开关 SQ5 和 SQ3 均被压下，动断触点 SQ5-2 和 SQ3-2 均分断，断开了接触器 KM3 和 KM4 的通路，从而使电动机 M2 停转，保证了操作安全。

3）进给变速时的瞬时点动。与主轴变速时相同，进给变速时，为使齿轮进入良好的啮合状态，也要进行变速后的瞬时点动。进给变速时，必须先把进给操纵手柄放在中间位置，然后将进给变速盘（在升降台前面）向外拉出，选择好速度后，再将变速盘推进去。如图 7.6 所示，在推进的过程中，挡块压下行程开关 SQ2，使触点 SQ2-2 分断、SQ2-1 闭合，接触器 KM3 经 10→19→20→15→14→13→17→18 路径得电动作，电动机 M2 起动；但随着变速盘复位，行程开关 SQ2 跟着复位，使 KM3 断电释放，M2 失电停转，这样使电动机 M2 瞬时点动一下，齿轮系统产生一次抖动，齿轮便顺利啮合了。

图 7.6　进给变速冲动

4）工作台的快速移动控制。快速移动是通过两个进给操作手柄和快速移动按钮 SB3 或 SB4 配合实现的。此控制过程如下：

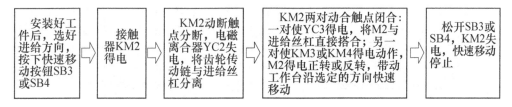

5）圆形工作台的控制。当需要加工螺旋槽、弧形槽和弧形面时，可在工作台上加装圆工作台。使用圆工作台时，先将圆工作台转换开关 SA2 扳到"接通"位置，这时触点 SA2-1 和 SA2-3 断开，触点 SA2-2 闭合，再将工作台的进给操纵手柄全部扳到中间位，按下主轴起动按钮 SB1 或 SB2，接触器 KM1 得电吸合，主轴电动机 M1 起动，接触器 KM3 线圈（经 10→SQ2→2→13→SQ3→2→14→SQ4→2→15→SQ6→2→20→SQ5→2→19→SA2→2→17→KM4 动断触点→18→KM3 线圈）得电吸合，进给电动机 M2 正转，通过一根专用轴带动圆形工作台做旋转运动。圆工作台只能沿一个方向做回转运动。

当不需要圆形工作台旋转时，转换开关 SA2 扳到"断开"位置，这时触点 SA2-1 和 SA2-3 闭合，触点 SA2-2 断开，工作台在六个方向上正常进给，圆形工作台不能工作。

圆形工作台转动时其余进给一律不准运动，两个进给手柄必须置于零位。若出现误操作，扳动两个进给手柄中的任意一个，则必然压合行程开关 SQ3～SQ6 中的一个，使电动机停止转动，实现了机械与电气配合的连锁控制。

圆形工作台加工不需要调速，也不要求正反转。

（3）冷却泵及照明电路的控制。主轴电动机 M1 和冷却泵电动机 M3 采用的是顺序控制，即只有在主轴电动机 M1 起动后，冷却泵电动机 M3 才能起动。主轴电动机起动后，扳动组合开关 QS2 可控制冷却泵电动机 M3。

机床照明由变压器 T1 供给 24V 的安全电压，由开关 SA4 控制。熔断器 FU5 作照明电路的短路保护。

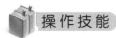 操作技能

一、X62W 型万能铣床电气控制电路的安装与调试

1. 工具、仪表、器材及元器件

（1）工具：电工常用工具。

（2）仪表：MF47 型万用表、500V 绝缘电阻表、钳形电流表等。

（3）器材：控制板、走线槽、各种规格的软线和紧固件、金属软管、编码套管等。

（4）X62W 型万能铣床电气元件明细表见表 7.3。

2. X62W 型万能铣床元件位置图及电气布置图

X62W 型万能铣床元件位置图如图 7.7 所示。X62W 型万能铣床电箱内电气布置图如图 7.8 所示。

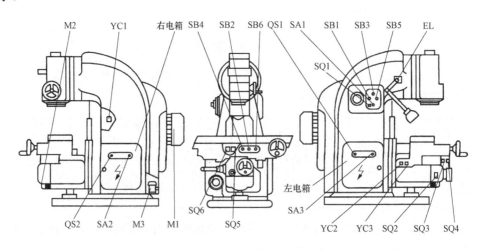

图 7.7　X62W 型万能铣床元件位置图

3. 安装步骤及工艺要求

（1）选配并检验元件和电气设备。

1）按表 7.3 配齐电气设备和元件，并逐个检验其规格和质量。

2）根据电动机的容量、线路走向及要求和各元件的安装尺寸，正确选配导线的规格、导

线通道类型和数量、接线端子板、控制板、紧固体等。

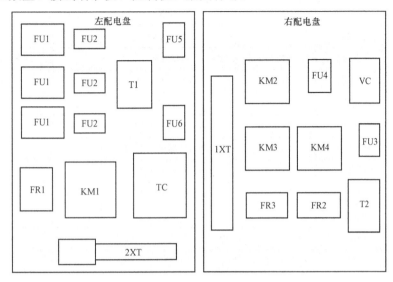

图 7.8　X62W 型万能铣床电箱内电气布置图

（2）据电箱内电气布置图在控制板上固定电器元件和走线槽，并在电器元件附近做好与电路图上相同代号的标记。

安装走线槽时，应做到横平竖直、排列整齐匀称、安装牢固和便于走线等。

（3）在控制板上进行板前线槽配线，并在导线端部套编码套管。按板前线槽配线的工艺要求进行。

表 7.3　　　　　　　　　　　　X62W 型万能铣床电气元件明细表

代号	名称	型号	规格	数量	用途
M1	主轴电动机	Y132M-4-B3	7.5kW，380V，1 450r/min	1	驱动主轴
M2	进给电动机	Y90L-4	1.5kW，380V，1 400r/min	1	驱动进给
M3	冷却泵电动机	JCB-22	125W，380V，2 790r/min	1	驱动冷却泵
QS1	开关	HZ10-60/3J	60A，380V	1	电源总开关
QS2	开关	HZ10-10/3J	10A，380V	1	冷却泵开关
SA1	开关	LS2-3A		1	换刀开关
SA2	开关	HZ10-10/3J	10A，380V	1	圆形工作台开关
SA3	开关	HZ3-133	10A，500V	1	M1 换向开关
FU1	熔断器	RL1-60	60A，熔体 50A	3	电源短路保护
FU2	熔断器	RL1-15	15A，熔体 10A	3	进给短路保护
FU3、FU6	熔断器	RL1-15	15A，熔体 4A	2	整流、控制电路短路护
FU4、FU5	熔断器	RL1-15	15A，熔体 2A	2	直流、照明电路短路保护
FR1	热继电器	JR0-40	整定电流 16A	1	M1 过载保护
FR2	热继电器	JR10-10	整定电流 0.43A	1	M3 过载保护
FR3	热继电器	JR10-10	整定电流 3.4A	1	M2 过载保护

代号	名称	型号	规格	数量	用途
T2	变压器	BK-100	380/36V	1	整流电源
TC	变压器	BK-150	380/110V	1	控制电路电源
T1	照明变压器	BK-50	50VA，380/24V	1	照明电源
VC	整流器	2CZ×4	5A，50V	1	整流用
KM1	接触器	CJ10-20	20A，线圈电压 110V	1	主轴起动
KM2	接触器	CJ10-10	10A，线圈电压 110V	1	快速进给
KM3	接触器	CJ10-10	10A，线圈电压 110V	1	M2 正转
KM4	接触器	CJ10-10	10A，线圈电压 110V	1	M2 反转
SB1、SB2	按钮	LA2	绿色	2	起动 M1
SB3、SB4	按钮	LA2	黑色	2	快速进给点动
SB5、SB6	按钮	LA2	红色	2	停止、制动
YC1	电磁离合器	B1DL-Ⅲ		1	主轴制动
YC2	电磁离合器	B1DL-Ⅱ		1	正常进给
YC3	电磁离合器	B1DI-Ⅱ		1	快速进给
SQ1	行程开关	LX3-11K	开启式	1	主轴冲动开关
SQ2	行程开关	LX3-11K	开启式	1	进给冲动开关
SQ3	行程开关	LX3-131	单轮自动复位	1	M2 正反转及连锁
SQ4	行程开关	LX3-131	单轮自动复位	1	
SQ5	行程开关	LX3-11K	开启式	1	
SQ6	行程开关	LX3-11K	开启式	1	
EL	照明灯	JD3	24V，40W	1	工作照明

（4）进行控制板外的元件固定和布线。

1）选择合理的导线走向，做好布线通道的支持准备。

2）控制箱外部导线的线头上要套装与电路图相同线号的编码套管；可移动的导线通道应留适当的余量。

3）按规定在通道内放好备用导线。

（5）自检。

1）根据电路图检查电路的接线是否正确，接地通道是否具有连续性。

2）检查热继电器的整定值和熔断器中熔体的规格是否符合要求。

3）检查电动机及电路的绝缘电阻。

4）检查电动机的安装是否牢固，与生产机械传动装置的连接是否可靠。

5）清理安装现场。

（6）通电试车。

1）接通电源，点动控制各电动机的起动，以检查各电动机的转向是否符合要求。

2）先空载试车，正常后方可接上电动机试车。空载试车时，应认真观察各电器元件、电路、电动机及传动装置的工作是否正常。发现异常，应立即切断电源进行检查，待调整或修复后方可再次通电试车。

4. 注意事项

（1）电动机和电路的接地要符合要求。严禁采用金属软管作为接地通道。

（2）在控制箱外部进行布线时，导线必须穿在导线通道或敷设在机床底座内的导线通道里，导线的中间不允许有接头。

（3）试车时，要先合上电源开关，后按起动按钮；停车时，要先按停止按钮，后断电源开关。

（4）通电试车必须在教师的监护下进行，必须严格遵守安全操作规程。

二、X62W 型万能铣床电气控制电路检修

1. 检修所需工具和设备

（1）工具：试电笔、电工刀、尖嘴钳、斜口钳、剥线钳、螺钉旋具、活扳手等。

（2）仪表：万用表、绝缘电阻表、钳形电流表。

（3）机床：X62W 型万能铣床或 X62W 型万能铣床模拟电气控制台。

2. 部分故障检修步骤

（1）主轴电动机 M1 不能起动。这种故障现象分析可采用电压法，从上到下逐一测量，也可按中间分段电压法快速测量，检测流程如图 7.9 所示。

（2）主电动机起动，进给电动机就转动，但扳动任一进给手柄，都不能进给。故障是由圆工作台转换开关 SA2 拨到了"接通"位置造成的。进给手柄在中间位置时，起动主轴，进给电动机 M2 工作，扳动任一进给手柄，都会切断 KM3 的通电回路，使进给电动机停转。只要将 SA2 拨到"断开"位，就可正常进给。

（3）主轴停车没有制动作用。主轴停车无制动作用，常见的故障点有：交流回路中 FU3、T2，整流桥，直流回路中的 FU4、YC1、SB5-2（SB6-2）等。故障检查时，可先将主轴换向转换开关 SA3 扳到停止位置，然后按下 SB5（或 SB6），仔细听有无 YC1 得电离合器动作的声音，具体检测流程如图 7.10 所示。

提示：该故障测量时应注意万用表交直流量程转换，不能一个表笔在直流端，另一表笔在交流端，否则易造成测量过程的短路事故。YC1 的直流电阻为 24～26Ω。

（4）工作台各个方向都不能进给。主轴工作正常，而进给方向均不能进给，故障多出现在公共点上，可通过试车现象，判断故障位置，再进行测量。其故障检测流程如图 7.11 所示。

提示：主轴电动机工作正常后，而进给部分有故障，为能通过试车声音判断故障位置，可将主轴换向开关 SA3 转至停止位置，避免主轴电动机工作声音影响判断。

（5）工作台能上下进给，但不能左右进给运行。工作台上下进给正常，而左右进给均不工作，表明故障多出现在左右进给的公共通道 17 区（10→SQ2-2→13→SQ3-2→14→SQ4-2→15）之间。首先检查垂直与横向进给十字手柄是否位于中间位置，是否压触 SQ3 或 SQ4；然后在两个进给手柄在中间位置时，试进给变速冲动是否正常，正常表明故障在变速冲动位置开关 SQ2-2 接触不良或其连接线松脱，否则故障多在 SQ3-2、SQ4-2 触点及其连接线上。

提示：故障测量时，为避免误判断，可在不起动主轴的前提下，将纵向进给手柄置于任意工作位置，断开互锁的一条并联通道，然后采用电压法或电阻法测量找出故障的具体位置。

（6）工作台能左进给但不能右进给。由于工作台的左进给和工作台的上（后）进给都是 KM4 吸合，M2 反转，因此可通过试向上进给来缩小故障区域。其故障检测流程如图 7.12

所示。

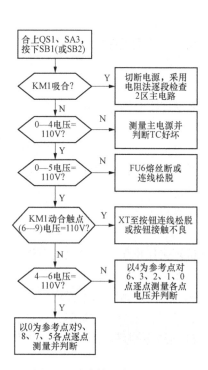

图 7.9　故障检测流程（一）

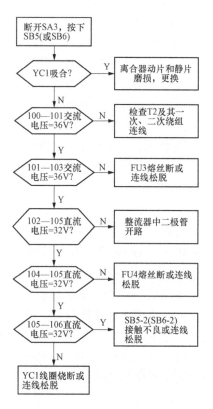

图 7.10　故障检测流程（二）

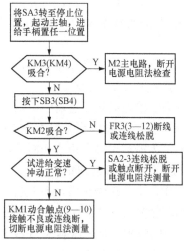

图 7.11　故障检测流程（三）

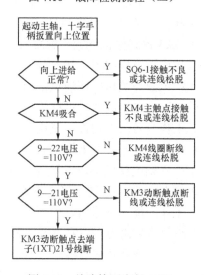

图 7.12　故障检测流程（四）

（7）圆工作台不工作。圆工作台不工作时，应将圆工作台转换开关 SA2 重新转置断开位置，检查纵向和横向进给工作是否正常，排除四个位置开关（SQ3～SQ6）动断触点之间连锁的故障。当纵向和横向进给正常后，圆工作台不工作故障只在 SA2-2 触点或其连接线上。

3．注意事项

（1）检修前要认真阅读电路图，熟练掌握各个控制环节的原理及作用，并认真听取和仔细观察教师的示范检修。

（2）由于该机床的电气控制与机械结构的配合十分密切，因此，在出现故障时，应先判明是机械故障还是电气故障。

（3）停电要验电。带电检修时，必须有指导教师在现场监护，以确保用电安全，同时要做好检修记录。

三、文件整理和记录

1．写检修记录单

检修记录单一般包括设备编号、设备名称、故障现象、故障原因、维修方法、维修日期等项目。记录单可清楚表示出设备运行和检修情况（见表 7.4），为以后设备运行和检修提供依据，请一定认真填写。

表 7.4　　　　　　　　　　　　检 修 记 录 单

序号	代号	设备名称	故障现象	故障原因	维修方法	维修日期
1						
2						
3						
4						
5						
6						
7						

2．文件存档

设备制作调试完成后，将设备的电气原理图、电气安装接线图、器件材料配置清单、检修记录等材料按顺序排好，装入档案袋存档。设备使用者，可以根据这些资料，了解设备的原理、组成设备、器件数量及生产厂家。若使用中设备出现故障修要检修，尽量使用同型号、同规格的器件。检修后填写检修记录单，将检修记录单按照填写的先后顺序排好留存。

技能训练

一、X8120W 型万能工具铣床不能起动

如图 7.13 所示为 X8120W 型工具铣床电气原理图。X8120W 型工具铣床用 2 台电动机：一台是主机铣头电动机，它是双速式电动机，高速时电动机线圈为双星形接法，并且铣头电动机需正反方向运转；另一台为冷却泵电动机 M2，它由转换开关 QS2 来做通断控制。

今有故障现象如下：铣床的铣头电动机操作后不能起动。

试根据故障现象分析故障原因，并说明处理方法。

1．原理分析

若要铣床工作时，合上刀开关 QS1，拨动双速开关，若先定为高速运转时需将开关 SK 的 1、2 接通，欲选定低速运转时可将双速开关 SK 的 1、3 接通，然后按下 SB1，接触器 KM3 得电吸合，电动机开始正转运行。

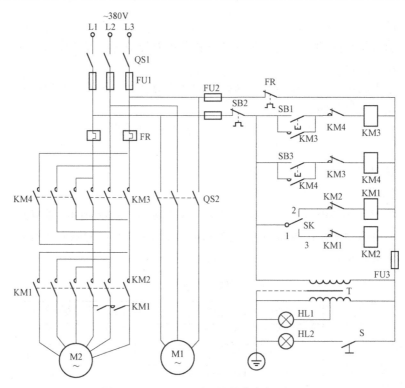

图 7.13　X8120W 型工具铣床电气原理图

　　若需停止电动机运行时，可按下 SB2，若工作需要反转时，按下 SB3，接触器 KM4 与接触器 KM1 闭合，使电动机 M2 在高速上反转运行，停车时按下 SB2 即可停止电动机运行。若这时想改变为低速运行，只要把双速开关转向 1、3 接通时，即可操纵按钮正反转工作均为低速运行。

　　2. 故障可能原因

　　根据以上分析，铣头电动机操作后不能起动可能有以下原因：

　　（1）熔断器 FU1 或 FU2 熔断；

　　（2）操作按钮按下后闭合不上或停止按钮动断触点接触不良；

　　（3）接触器 KM3 线圈串接的接触器 KM4 动断互锁点接触不良；

　　（4）接触器 KM3 线圈烧坏或主触点接触不良；

　　（5）热继电器 FR 动断控制触点动作或接触不良；

　　（6）电动机 M2 负载过重或卡死或 M2 线圈烧毁。

　　3. 处理方法

　　用低压验电笔测试熔断器 FU1 三相下桩头均有电，FU2 也有电，说明供电正常。在断开铣床电源的情况下，用万用表电阻挡单独测量起动按钮 SB1 和 SB2，在按下后能可靠接通线路。

　　在断开电源情况下，用万用表测接触器 KM3 线圈所串接的 KM4 动断触点，在常规下能复原位可靠闭合。进一步测量接触器 KM3 的线圈，电阻值为无穷大，拆开接触器，发现线圈已烧毁，更换接触器线圈，故障排除。

　　二、X-53T 型立式铣床主轴不能起动运转

　　X-53T 型立式铣床控制电路如图 7.14 所示，其主要由主线路、控制线路及照明线路三部分构成。

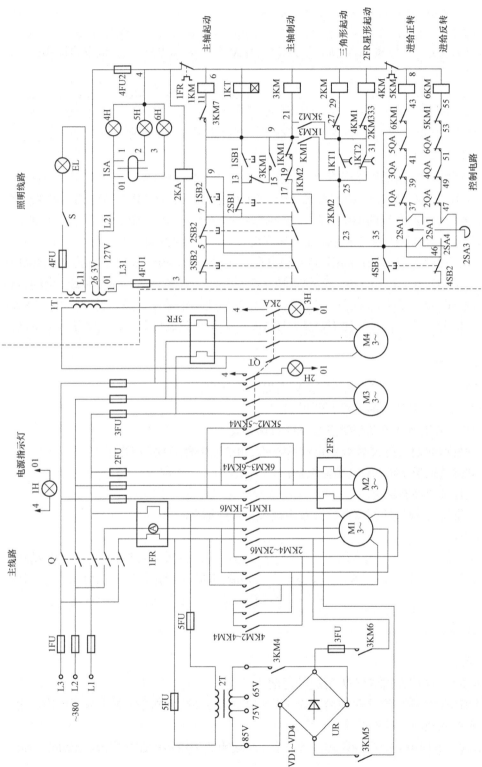

图 7.14 X-53T 型立式铣床控制电路

X-53T 型立式铣床故障现象：合上总电源开关，按下主轴起动按钮后，主轴不能起动运转，但照明点亮正常。

1. 原理分析

主轴电动机 M1 由交流接触器 1KM、2KM、3KM 和时间继电器 1KT 组成的星形—三角形线路起动和运转。

当按下主轴起动按钮 1SB1 或 1SB2 以后，交流接触器 1KM 和 4KM（1KM3 闭合后）、1KT 时间继电器线圈均得电工作。当 1KM 和 4KM 交流接触器得电吸合后，其 1KM1 动合触点闭合后自锁，1KM4～1KM6、4KM2～4KM4 主触点均闭合，从而使主轴电动机连接成星形方式进行起动。

当时间继电器 1KT 线圈得电吸合后，在预定时间内动作，其 1KT1 动合延迟触点闭合，动断延迟触点 1KT2 打开，25、27 点接通，25、31 点断开，进而使 4KM 交流接触器线圈断电释放，2KM 交流接触器线圈得电吸合，其 2KM4～2KM6 三组动合触点闭合后，主轴电动机 M1 定子绕组由星形连接方式转换为三角形连接方式，进入正常运行状态。

主轴停止按钮开关 2SB1 或 2SB2 是一种具有一组动断触点和一组动合触点的双联联动开关。当按下 2SB1 或 2SB2 以后，其动断触点就断开，交流接触器 1KM 线圈就会断电释放，一方面使 1KM3 动合触点断开，2KM 交流接触器线圈也断电释放，其 2KM4～2KM6 三组动合触点断开；另一方面又使 1KM4～1KM6 三组动合触点也断开，最终使 M1 电动机停止运转。

2. 故障可能原因

导致主轴不能起动运转故障的原因主要有以下几个方面：

（1）1KM 交流接触器线圈可能开路损坏；

（2）3KM 交流接触器的动断触点 3KM7 接触不良；

（3）主轴变速冲动按钮 3SB 或停止按钮开关 2SB2 动断触点接触不良；

（4）起动开关按钮 1SB2 本身接触不良；

（5）相关连接线路断路；

（6）时间继电器 1KT 线圈损坏或其触点烧蚀呈接触不良。

3. 故障处理

合合上总电源开关 Q 后，用万用表监测时间继电器 1KT 线圈两端的电压，按下起动按钮 1SB2 后，测得的电压为 127V（AC），基本正常。再测 1KM 交流接触器两端电压为零，怀疑为 3KM7 闭合触点接触不良。重换一只新的交流接触器后，通电试机，故障排除。

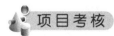 项目考核

一、判断题

1. 铣床主运动是主轴带动铣刀的旋转运动。　　　　　　　　　　　　　　　（　　）

2. 铣削加工有顺铣和逆铣两种加工方式，所以要求主轴电动机能正转和反转，因此用机电控制电路控制主轴电动机的正转和反转。　　　　　　　　　　　　　　（　　）

3. 铣削加工过程中需要主轴调速，采用改变变速箱的齿轮传动比来实现，主轴电动机不需要调速。　　　　　　　　　　　　　　　　　　　　　　　　　　　　　（　　）

4. 进给运动是指工件随工作台在前后、左右四个方向上的运动以及椭圆形工作台的旋转

运动。   (   )

5.为保证机床和刀具的安全,在铣削加工时任何时刻工件都只能有一个方向的进给运动。
                                                                            (   )

6.进给变速采用机械方式实现,进给电动机不需要调速。   (   )

7.辅助运动包括工作台的快速运动及主轴的变速冲动。   (   )

8.为保证变速后齿轮能良好啮合,主轴和进给变速后,都要求电动机做瞬时点动,即变速冲动。   (   )

二、选择题

1. X62W 型铣床的操作方法是（   ）。

    A. 全用按钮   B. 全用手柄

    C. 既有按钮又有手柄   D. 组合开关

2.主轴电动机要求正反转,不用接触器控制而用组合开关控制,是因为（   ）。

    A. 节省电器   B. 正反转不频繁   C. 操作方便   D. 省电

3.工作台没有采取制动措施,是因为（   ）。

    A. 惯性小   B. 速度不高且用丝杠传动

    C. 有机械制动   D. 安全需要

4.工作台进给必须在主轴起动后才允许进给,是为了（   ）。

    A. 安全的需要   B. 加工工艺的需要

    C. 电路安装的需要   D. 效率需要

5.若主轴未起动,工作台（   ）。

    A. 不能有任何进给   B. 可以进给

    C. 可以快速进给   D. 可以慢速进击

三、简答题

1.控制电路中组合开关的触点 SA1-2 的功能是什么?

2. X62W 型万能铣床的工作台可以在哪些方向上进给?

3. X62W 型万能铣床电气控制电路中三个电磁离合器的作用分别是什么?电磁离合器为什么要采用直流电源供电?

4. X62W 型万能铣床电气控制电路中为什么要设置变速冲动?

四、技能题

1. X-53T 型立式铣床照明电路故障分析

X-53T 型立式铣床控制电路如图 7.14 所示。合上总电源开关后,各种操作功能基本正常,但照明灯时亮时灭。试分析故障可能原因,并说明处理方法。

2. X62W 型万能铣床安装及调试的考核要求与评分标准（见表 7.5）。

表 7.5   考核要求与评分标准

序号	考核内容	考核要求	评分标准	配分	扣分	得分
1	器材选用	元件、导线等选用正确	(1) 电器元件选错型号和规格,每个扣 2 分 (2) 导线选用不符合要求,扣 4 分 (3) 穿线管、编码套管等选用不当,每项扣 2 分	20 分		
2	装前检查	合理检查元件	电器元件漏检或错检,每处扣 1 分	10 分		

序号	考核内容	考核要求	评分标准	配分	扣分	得分
3	安装布线	（1）元件安装合理 （2）导线敷设规范 （3）接线正确	（1）电器元件安装不牢固，每只扣2分 （2）损坏电器元件，每只扣5分 （3）电动机安装不符合要求，每台扣5分 （4）走线通道敷设不符合要求，每处扣2分 （5）不按电路图接线，扣20分 （6）导线敷设不符合要求，每根扣2分 （7）漏接接地线，扣5分	40分		
4	通电试车	试车无故障	（1）热继电器未整定或整定错误，每只扣2分 （2）熔体规格选用不当，每只扣2分 （3）试车不成功，扣30分	20分		
5	安全文明生产	按生产规程操作	违反安全文明生产规程，扣10分	10分		
6	定额工时	8h	每超5min（不足5min以5min计），扣5分			
起始时间			合计	100分		
结束时间			教师签字		年　月　日	

3. X62W 型万能铣床部分故障检修的考核要求与评分标准（见表7.6）。

表7.6　　　　　　　　　　　　考核要求与评分标准

序号	考核内容	考核要求	评分标准	配分	扣分	得分
1	按下SB2主轴电动机不能起动	分析故障范围，编写检修流程，排除故障	（1）不能找出原因，扣10分 （2）编写流程不正确，扣5分 （3）不能排除故障，扣10分	25分		
2	主轴停车无制动作用	分析故障范围，编写检修流程，排除故障	（1）不能找出原因，扣10分 （2）编写流程不正确，扣5分 （3）不能排除故障，扣10分	25分		
3	工作台能上下进给，但不能左右进给	分析故障范围，编写检修流程，排除故障	（1）不能找出原因，扣10分 （2）编写流程不正确，扣5分 （3）不能排除故障，扣10分	20分		
4	圆工作台不工作	分析故障范围，编写检修流程，排除故障	（1）不能找出原因，扣10分 （2）编写流程不正确，扣5分 （3）不能排除故障，扣10分	20分		
5	安全文明生产	按生产规程操作	符合安全文明生产规程不扣分，否则，扣10~30分	10分		
6	定额工时	10h	每超5min（不足5min以5min计），扣5分			
起始时间			合计	100分		
结束时间			教师签字		年　月　日	

项目八　20/5t 桥式起重机电气检修

知识目标

（1）了解 20/5t 桥式起重机的主要运动形式，掌握 20/5t 桥式起重机线路工作原理。

（2）掌握 20/5t 桥式起重机线路的故障的分析方法及故障的检测流程。

能力目标

（1）能对 20/5t 桥式起重机电气线路进行安装、调试。

（2）能对 20/5t 桥式起重机电气线路进行检修。

知识准备

起重机是一种用来起吊和放下重物并使重物在短距离内水平移动的起重设备，起重机按结构分有桥式、塔式、门式、旋转式和缆索式等。不同形式的起重机分别应用在不同场合，如车站货场使用的门式起重机；建筑工地使用的塔式起重机；码头、港口使用的旋转式起重机；生产车间常用的是桥式起重机，又称为天车、行车或吊车。

常见的桥式起重机有 5t、10t 单钩及 15/3t、20/5t 双钩等。20/5t 桥式起重机是一种电动双梁式吊车，广泛用于车间内重物的起吊搬运。

一、20/5t 桥式起重机基本结构、运动形式和主要技术参数

1. 主要结构及运动形式

起重机虽然种类很多，但在结构上看，都具有提升机构和运行机构。以桥式起重机为例，主要有桥架（大车）、小车及提升机构三部分组成。大车的轨道敷设在沿车间两侧的立柱上，大车可以在轨道上沿车间纵向移动；大车上有小车轨道供小车横向移动，提升机构安装在小车上上下运动。根据工作需要，起重机可安装不同的取物装置，如吊钩、夹钳、抓斗起重电磁铁等。有的起重机根据需要，可以安装两个提升机构，分别为主钩和副钩。主钩用来提升重物；副钩除可提升轻物外，可用来协同主钩倾转和翻倒工件用。但不允许两钩同时提升两个物件，每个吊钩在单独工作时均只能起吊重量不超过额定重量的重物，当两个吊钩同时工作时，物件重量不允许超过主钩起重量。这样，起重机就可以在大车能够行走的整个车间范围内进行起重运输了。20/5t 桥式起重机外形图如图 8.1 所示。

桥式起重机的主要运动有大车的纵向运动、小车的横向运动及主钩、副钩的升降运动。桥式起重机上各部件分布如图 8.2 所示。

2. 20/5t 桥式起重机的型号含义

桥式起重机型号的含义为：

主钩20t ——— $\underline{\dfrac{20}{5}}\quad \underline{t}$ ——— 吨
　　　　　　　　　└── 副钩5t

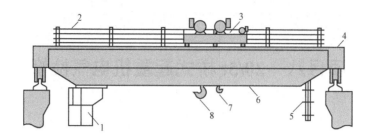

图 8.1　20/5t 桥式起重机外形图

1—驾驶室；2—小车导电滑线；3—小车；4—端梁；5—主滑线；6—主梁；7—副钩；8—主钩

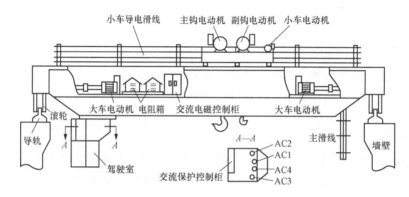

图 8.2　20/5t 桥式起重机各部件分布图

3. 桥式起重机的主要技术参数

桥式起重机的主要技术参数有起重量、跨度、提升高度、移行速度和工作类型。

（1）额定起重量，是指起重机允许吊起的物品连同可分吊具重量的总和，单位为 t。我国生产的桥式起重机起重量有 5、10、15/3、20/5、30/5、50/10、75/20、150/30、250/30t 等。其中，分子为主钩起重量，分母为副钩起重量。

（2）跨度，指起重机主梁两端车轮中心线间的距离，即大车轨道中心线间的距离。

（3）提升高度，指吊具的上极限位置与下极限位置之间的距离，单位为 m。

（4）工作速度，指包括起升速度和及大、小车运行速度。起升速度是指吊物或取物装置在稳定运动状态下，额定载荷时的垂直位移速度。中小型起重机的起升速度一般为 8～20m/min。

大、小车的运行速度为拖动电动机额定转速下运行的速度。小车运行速度一般为 40～60m/min，大车运行速度一般为 100～135m/min。

（5）工作类型。起重机按其载重量可分为三级：小型 2～10t，中型 10～50t，重型 50t 以上。按其负载率和繁忙程度可分为：

1）轻级。工作速度较低，使用次数也不多，满载机会比较少，负载持续率约为 15%，如主电室、维修车间用的起重机。

2）中级。经常在不同负载条件下，以中等速度工作，使用不太频繁，负载持续率约为 25%，如一般机械加工和装配车间用起重机。

3）重级。经常处于额定负载下工作，使用频繁，负载持续率为 40% 以上，如冶金和铸造车间用的起重机。

4）特重级。基本上处于额定负载下工作，使用更为频繁，环境温度高，保证冶金车间工艺过程进行的起重机，属于特重级。

二、桥式起重机的供电、电气控制的特点和要求

1. 桥式起重机的供电

三相电源沿着平行于大车轨道方向敷设在车间厂房一侧的三根主滑触线上，通过滑动集电刷引入；小车上电气设备的供电以及电气设备之间的连接，是通过在桥架的一侧装设的 21 根小车导电滑线并经滑动集电刷引入。

21 根小车导电滑线中，10 根用于主钩部分，其中 3 根连接主钩电动机 M5 的定子绕组（5U、5V、5W）接线端，3 根连接转子绕组与转子外接电阻器 5R，主钩电磁抱闸制动器 YB5、YB6 接交流电磁控制柜 2 根，主钩上升位置开关 SQ5 接交流电磁控制柜与主令控制器 2 根；用于副钩部分 6 根，其中 3 根连接副钩电动机 M1 的转子绕组与转子外接电阻器 1R，2 根连接定子绕组（1U、1W）接线端与凸轮控制器 AC1，另 1 根将副钩上升位置开关 SQ6 接在交流保护柜上；用于小车部分 5 根，其中 3 根连接小车电动机 M2 的转子绕组与转子外接电阻器 2R，2 根连接 M2 定子绕组（2U、2W）接线端与凸轮控制器 AC2。

滑触线通常采用角钢、圆钢、V 形钢或工字钢等刚性导体制成。

2. 起重用电动机的特点

桥式起重机工作环境恶劣，工作性质为短时重复工作制，拖动电动机经常处于起动、制动、调速和反转状态；负载很不规律，经常承受大的过载和机械冲击；要求有一定的调速范围。为此，人们专门设计制造了 YZR 系列起重及冶金用的三相感应电动机。

（1）电动机按断续工作设计制造，其代号为 S3。在断续工作状态下，用负载持续率 FC% 来表示，其表达式为

$$FC\% = 负载持续时间/周期时间 \times 100\%$$

一个周期时间通常为 10min，标准的负载持续率有 15%、25%、40%、60% 等几种。

（2）具有较大的起动转矩和最大转矩，适应重载下的起动、制动和反转。

（3）电动机转子制成细长型，转动惯量小，减小了起、制动时的能量损耗。

（4）制成封闭性，具有较强的机械结构，有较大的气隙，以适应较多的灰尘和较大机械冲击的工作环境；具有较高的耐热绝缘等级，允许温升较高。

我国生产的冶金—起重用电动机，分为交流和直流两大类。其中交流电动机有 JZR、JZ2 两种型号，前者为绕线式，后者为笼型；由于机械强度大，过载能力强，定子与转子间隙大，所以，空载电流大，机械特性软。直流电动机有 ZZK、ZZ 系列，都有并励、串励和复励三种方式，全封闭结构，额定电压有 220V 和 440V 两种。

3. 提升机构与移动机构对电力拖动自动控制的要求

为提高起重机的生产效率和生产安全，起重机提升机构电力拖动自动控制应符合如下要求：

（1）具有合理的升降速度。空载最快，轻载稍慢，额定负载时最慢。

（2）具有一定的调速范围，普通起重机的调速范围一般为 3，要求较高时为（5～10）。

（3）提升第一挡作为预备级，以消除传动间隙，拉紧钢丝绳，避免过大的机械冲击。该级起动转矩一般限制在额定转矩的一半以下。

（4）下放重物时，依据负载的大小，拖动电动机可运行在下放电动状态（轻载下放）、倒

拉反接制动状态（重载下放）和再生发电制动状态，以满足对不同负载不同下降速度的要求。

（5）为保证安全可靠地工作，必须使用机械抱闸制动实现机械制动，或同时使用电气制动，以减少抱闸磨损。

大车和小车的运行机构对电力拖动自动控制的要求比较简单，要求有一定的调速范围，分几挡进行控制；为实现准确停车，采用机械制动。

桥式起重机应用广泛，起重机的电气控制设备已经系列化、标准化。常用的电气设备有控制器、控制箱和控制站，可以依据拖动电机的容量、工作频繁程度及对可靠性的要求来选择决定。

4. 观摩操作

为加深对桥式起重机的结构、元器件的位置、元器件的功能、桥式起重机的操作的认识，在教师的指导和监护下进行观摩操作。

（1）识别桥式起重机的主要部件，清楚其作用。

（2）掌握各限位开关、安全开关安装位置，掌握各电气设备的安装位置，熟悉保护控制柜、交流电磁控制柜中元器件位置，熟悉线路布线走向。

（3）观察大车、小车、吊钩的操作和运行。

提示：桥式起重机属于高空作业，观摩和检修时必须确保安全，防止坠落事故发生；在起重机移动时不准走动，停车时走动也应手扶栏杆，防止意外；在起重机上应防止高空坠物造成伤人事故；参观和检修时应在起重机停止作业并在切断电源下进行。

三、20/5t 桥式起重机电路工作原理

20/5t 桥式起重机的电路原理如图 8.3 所示。

1. 20/5t 桥式起重机电气设备及保护装置

桥式起重机的大车桥架跨度较大，两侧装置两个主动轮，分别由两台同型号、同规格的电动机 M3 和 M4 驱动，两台电动机的定子并联在同一电源上，由凸轮控制器 AC3 控制，沿大车轨道纵向两个方向同速运动。位置开关 SQ3 和 SQ4 作为大车前后两个方向的终端限位保护，安装在大车端梁的两侧。YB3 和 YB4 分别为大车两台电动机的电磁抱闸制动器，当电动机通电时，电磁抱闸制动器的线圈获电，使闸瓦与闸轮分开，电动机可以自由旋转；当电动机断电时，电磁抱闸制动器失电，闸瓦抱住闸轮使电动机被制动停转。

小车移动机构由电动机 M2 驱动，由凸轮控制器 AC2 控制，沿固定在大车桥架上的小车轨道横向两个方向运动。YB2 为小车电磁抱闸制动器，位置开关 SQ1、SQ2 为小车终端限位提供保护，安装在小车轨道的两端。

副钩升降由电动机 M1 驱动，由凸轮控制器 AC1 控制。YB1 为副钩电磁抱闸制动器，位置开关 SQ6 为副钩提供上升限位保护。

主钩升降由电动机 M5 驱动，主令控制器 AC4 配合交流电磁控制柜（PQR）完成对主钩电动机 M5 的控制。YB5、YB6 为主钩三相电磁抱闸制动器，位置开关 SQ5 为主钩上升限位保护。

起重机的保护环节由交流保护控制柜（GQR）和交流电磁控制柜（PQR）来实现，各控制电路用熔断器 FU1、FU2 作为短路保护。总电源及各台电动机分别采用过电流继电器 KA0～KA5 实现过载和过流保护，过电流继电器的整定值一般整定在被保护的电动机额定电流的 2.25～2.5 倍。总电流过载保护的过电流继电器 KA0 串接在公用线的 W12 相中，它的线圈将流过所有电动机定子电流的和，它的整定值一般整定为全部电动机额定电流总和的 1.5 倍。

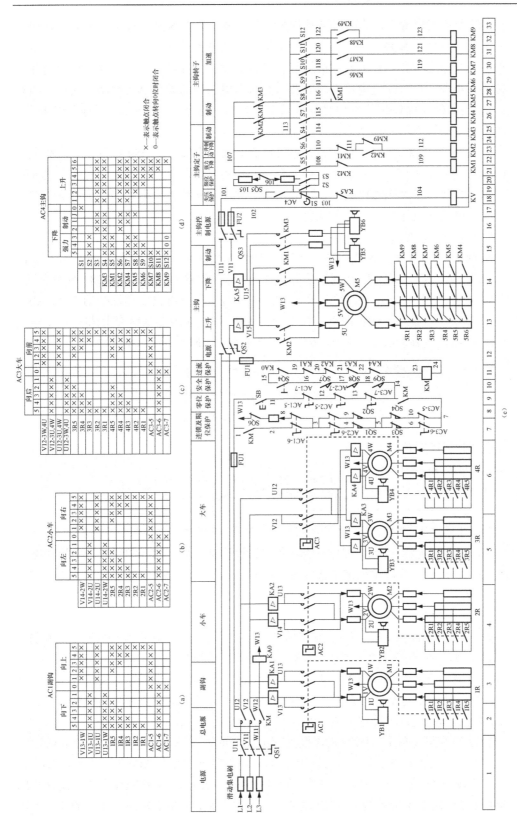

8.3 20/5t 桥式起重机的电路原理图和触点开合表

（a）～（d）触点开合表；（e）电路原理图

　　为了保障维修人员的安全，在驾驶室舱门盖上装有安全开关 SQ7；在横梁两侧栏杆门上分别装有安全开关 SQ8、SQ9；为了在发生紧急情况时操作人员能立即切断电源，防止事故扩大，在保护控制柜上装有一只单刀单掷的紧急开关 QS4。上述各开关在电路中均使用动合触点，与副钩、小车、大车的过电流继电器及总过流继电器的动断触点相串联。这样，当驾驶室舱门或横梁栏杆门开启时，主接触器 KM 线圈不能获电运行，或在运行中也会断电释放，使起重机的全部电动机都不能起动运转，保证了人身安全。

　　电源总开关 QSl、熔断器 FU1 与 FU2、主接触器 KM、紧急开关 QS4 以及过电流继电器 KA0～KA5 都安装在保护控制柜中。保护控制柜、凸轮控制器及主令控制器均安装在驾驶室内，以便于司机操作。交流电磁控制柜、绕线式转子异步电动机转子串联的电阻箱安装在大车桥架上。起重机的接地保护接于大车轨道上。

　　2. 主接触器 KM 的控制

　　在起动接触器 KM 之前，应将副钩、小车、大车凸轮控制器的手柄置于"0"位，零位连锁触点 AC1-7、AC2-7、AC3-7（9 区）处于闭合状态；关好横梁栏杆门（SQ8、SQ9 闭合）及驾驶舱门盖（SQ7 闭合），合上紧急开关 QS4。在各过电流继电器没有保护动作（KA0～KA4 动断触点处于闭合状态）的情况下，按下起动按钮 SB，接触器 KM 线圈得电，主触点闭合（2 区），两副动合辅助触点（7 区、9 区）闭合自锁。KM 线圈得电路径如下：

```
FU1→1→SB→11→AC1-7→12→AC2-7→13→AC3-7→14┐
┌─────────────────────────────────────────────┘
└→SQ9→18→SQ8→17→SQ7→16→SQ4→15→KA0→19┐
┌──────────────────────────────────────────┘
└→KA1→20→KA2→21→KA3→22→KA4→23→KM→24→FU1
```

KM 线圈闭合自锁路径如下：

```
W13→SQ6→8→AC1-5┐
                ├→AC2-6→SQ1┐    ┌→SQ3→AC3-6┐
FU1→1→KM→AC1-6→3┤          ├→5→┤          ├→7→KM┐
                └→AC2-5→SQ2┘    └→SQ4→AC3-5┘      │
┌───────────────────────────────────────────────┘
└→SQ9→18→SQ8→17→SQ7→16→QS4→15→KA0～KA4→23→KM→24→FU1
```

　　KM 吸合，将两相电源（U12、V12）引入各凸轮控制器，另一相电源经总过电流继电器 KA0 后（W13）直接引入各电动机定子接线端。此时，由于各凸轮控制器手柄均在"0"位，电动机不会运转。

　　3. 副钩控制电路

　　副钩凸轮控制器 AC1 共有 11 个位置，中间位置是"0"位，左、右两边各有 5 个位置，用来控制电动机 M1 在不同转速下的正、反转，即用来控制副钩的升、降。AC1 共用了 12 副触点，其中 4 对动合主触点控制 M1 定子绕组的电源，并换接电源相序以实现 M1 的正反转；5 对动合辅助触点控制 M1 转子电阻 1R 的切换；3 对动断辅助触点作为连锁触点，其中 AC1-5 和 AC1-6 为 M1 正反转连锁触点，AC1-7 为零位连锁触点。

　　（1）副钩上升控制。在主接触器 KM 线圈获电吸合的情况下，转动凸轮控制器 AC1 的手轮至向上"1"挡，AC1 的主触点 V13-1W 和 U13-1U 闭合，触点 AC1-5 闭合、AC1-6 和 AC1-7 断开，电动机 M1 接通三相电源正转，同时电磁抱闸制动器线圈 YB1 获电，闸瓦与闸轮分开，M1 转子回路中串接的全部外接电阻器 1R 起动，M1 以最低转速、较大的起动力矩带动副钩上升。

转动 AC1 手轮，依次到向上的"2"～"5"挡位时，AC1 的 5 对动合辅助触点（2 区）。
依次闭合，短接电阻 1R5～1R1，电动机 M1 的提升转速逐渐升高，直到预定转速。

由于 AC1 拨置向上挡位，AC1-6 触点断开，KM 线圈自锁回路电源通路只能通过串入副
钩上升限位开关 SQ6（8 区）支路，副钩上升到调整的限位位置时 SQ6 被挡铁分断，KM 线
圈失电，切断 M1 电源；同时 YB1 失电，电磁抱闸制动器在反作用弹簧的作用下对电动机
M1 进行制动，实现终端限位保护。

（2）副钩下降控制。凸轮控制器 AC1 的手轮转至向下挡位时，触点 V13-1U 和 U13-1W
闭合，改变接入电动机 M1 的电源的相序，M1 反转，带动副钩下降。依次转动手轮，AC1
的 5 对动合辅助触点（2 区）依次闭合，短接电阻 1R5～1R1，电动机 M1 的下降转速逐渐升
高，直到预定转速。

将手轮依次回拨时，电动机转子回路串入的电阻增加，转速逐渐下降。将手轮转至"0"
位时，AC1 的主触点切断电动机 M1 电源，同时电磁抱闸制动器 YB1 也断电，M1 被迅速制
动停转。

提示：终端限位位置应手动调整、试验，避免发生顶撞事故。

4. 小车控制电路

小车的控制与副钩的控制相似，转动凸轮控制器 AC2 手轮，可控制小车在小车轨道上左
右运行。

提示：小车的左右两端装有终端限位保护，限位位置、方向应手动调整和检验，确保正
确可靠；小车轨道较短，应控制小车速度，尤其是在吊钩处于下放位置或吊有重物状态下，
以防缆绳摔动发生危险。

5. 大车控制电路

大车的控制与副钩和小车的控制相似。由于大车由两台电动机驱动，因此，采用同时
控制两台电动机的凸轮控制器 AC3，它比小车凸轮控制器多 5 对触点，以供短接第二台大
车电动机的转子外接电阻。大车两台电动机的定子绕组是并联的，用 AC3 的 4 对触点进行
控制。

提示：两台大车电磁抱闸制动器的抱闸力度调成一致，短接的电阻保持一致，确保两台
大车运行速度、运行方向一致；大修、更换电动机或凸轮控制器时应先调试好两台电动机转
向，再将电动机与离合器相连，避免产生相反的扭力矩而发生危险。

6. 主钩控制电路

主钩电动机是桥式起重机容量最大的一台电动机，一般采用主令控制器配合电磁控制柜
进行控制，即用主令控制器控制接触器，再由接触器控制电动机。主令控制器类似凸轮控制
器，不过它的触点小，操作较灵活，可操作频率高，其触点开合表如图 8-3（d）所示。为提
高主钩电动机运行的稳定性，在切除转子外接电阻时，采取三相平衡切除，使三相转子电流
平衡。

（1）主钩起动准备。合上电源开关 QS1（1 区）、QS2（12 区）、QS3（16 区），接通主电
路和控制电路电源，将主令控制器 AC4 手柄置于"0"位，触点 S1（18 区）处于闭合状态，
电压继电器 KV 线圈（18 区）得电吸合，其动合触点（19 区）闭合自锁，为主钩电动机 M5
起动控制做好准备。KV 为电路提供失压与欠压保护以及主令控制器的零位保护。

（2）主钩上升控制。主钩上升与副钩凸轮控制器的上升动作基本相似，但它是由主令控

制器 AC4 通过接触器控制的。控制流程如下：

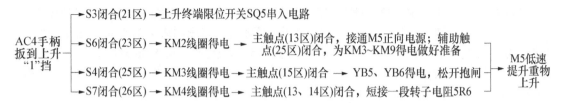

若将 AC4 手柄逐级扳向"2"～"6"挡，主令控制器的动合触点 S8～S12 逐次闭合，依次使交流接触器 KM5～KM9 线圈得电，接触器的主触点对称短接相应段主钩电动机转子回路电阻 5R5～5R1，使主钩上升速度逐步增加。

（3）主钩下降控制。主钩下降有 6 挡位置。"J""1""2"挡为制动下降位置，防止在吊有重载下降时速度过快，电动机处于倒拉反接制动运行状态；"3""4""5"挡为强力下降位置，主要用于轻负载时快速强力下降。主令控制器在下降位置时，6 个挡的工作情况如下：

1）制动下降"J"挡。

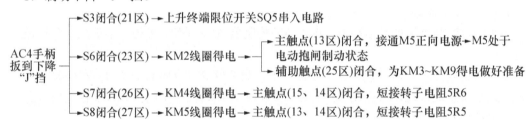

制动下降"J"挡是下降准备挡，虽然电动机 M5 加上正相序电压，由于电磁抱闸未打开，电动机不能起动旋转。该挡停留时间不宜过长，以免电动机烧坏。

2）制动下降"1"挡。主令控制器 AC4 的手柄扳到制动下降"1"挡，触点 S3、S4、S6、S7 闭合，和主钩上升"1"挡触点闭合一样。此时电磁抱闸器松开，电动机可运转于正向电动状态（提升重物）或倒拉反接制动状态（低速下放重物）。当重物产生的负载倒拉力矩大于电动机产生的正向电磁转矩时，电动机 M5 运转在负载倒拉反接制动状态，低速下放重物；反之，则重物不但不能下降反而被提升，这时必须把 AC4 的手柄迅速扳到制动下降"2"挡。

接触器 KM3 通电吸合后，与 KM2 和 KM1 辅助动合触点（25 区、26 区）并联的 KM3 的自锁触点（27 区）闭合自锁，以保证主令控制器 AC4 从制动下降"2"挡向强力下降"3"挡转换时，KM3 线圈仍通电吸合，电磁抱闸制动器 YB5 和 YB6 保持得电状态，防止换挡时出现高速制动而产生强烈的机械冲击。

3）制动下降"2"挡。主令控制器触点 S3、S4、S6 闭合，触点 S7 分断，接触器 KM4 线圈断电释放，外接电阻器全部接入转子回路，使电动机产生的正向电磁转矩减小，重负载下降速度比"1"挡时加快。

4）强力下降"3"挡。下降速度与负载质量有关，若负载较轻（空钩或轻载），电动机 M5 处于反转电动状态；若负载较重，下放重物的速度会很高，可能使电动机转速超过同步转速，电动机 M5 将进入再生发电制动状态。负载越重，下降速度越大，应注意操作安全。

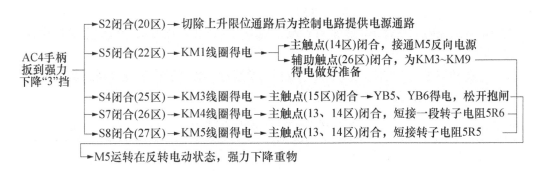

5）强力下降"4"挡。主令控制器 AC4 的触点在强力下降"3"挡闭合的基础上，触点 S9 又闭合，使接触器 KM6（29 区）线圈得电吸合，电动机转子回路电阻 5R4 被切除，电动机 M5 进一步加速反向旋转，下降速度加快。另外，KM6 辅助动合触点（30 区）闭合，为接触器 KM7 线圈获电做好准备。

6）强力下降"5"挡。主令控制器 ACA 的触点在强力下降"4"挡闭合的基础上，又增加了触点 S10、S11、S12 闭合，接触器 KM7～KM9 线圈依次得电吸合，电动机转子回路电阻 5R3、5R2、5R1 依次逐级切除，以避免过大的冲击电流。同时，电动机 M5 旋转速度逐渐增加，待转子电阻全部切除后，电动机以最高转速运行，负载下降速度最快。

此挡若下降的负载很重，当实际下降速度超过电动机的同步转速时，电动机将会进入再生发电制动状态，电磁力矩变成制动力矩。由于转子回路未串任何电阻，保证了负载的下降速度不致太快，且在同一负载下"5"挡下降速度要比"4"挡和"3"挡速度低。

再生发电制动后，如果需要降低下降速度，就需要把主令控制器手柄扳回到制动下降位置"1"挡或"2"挡，进行反接制动下降。这时必然要通过强力下降"4"挡和"3"挡，由于"4"挡、"3"挡转子回路串联的电阻增加，根据绕线式电动机的机械特性可知，那么正在高速下降的负载速度不但得不到控制，反而使下降速度增加，很可能造成恶性事故。为了避免在主令控制器转换过程中或操作人员不小心，误把手柄停在了强力下降"3"挡或"4"挡，导致发生过高的下降速度，在接触器 KM9 电路中用辅助动合触点 KM9（33 区）自锁，同时在该支路中再串联一个动合辅助触点 KM1（28 区）。这样可以保证主令控制器手柄由强力下降位置向制动下降位置转换时，接触器 KM9 线圈始终得电，切除所有转子回路电阻。另外，在主令控制器 AC4 触点分合表［见图 8.3（d）］中可以看到，强力下降位置"4"挡、"3"挡上有"0"的符号，表示手柄由强力下降"5"挡向制动下降"2"挡回转时，触点 S12 保持接通，只有手柄扳至制动下降位置后，接触器 KM9 线圈才断电。

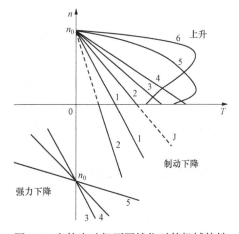

图 8.4　主钩电动机不同挡位时的机械特性

以上连锁装置保证了在手柄由强力下降位置"5"向制动下降位置转换时，电动机转子回路电阻全部切除，下降速度不会进一步增高。

主钩电动机在不同挡位时的机械特性如图 8.4 所示。

串接在接触器 KM2 支路中的 KM2 动合触点（23 区）与 KM9 动断触点（24 区）并联，主要作用是当接触器 KM1 线圈断电释放后，只有在

KM9 线圈断电释放的情况下，接触器 KM2 线圈才允许获电并自锁，保证了只有在转子电路中串接一定外接电阻的前提下，才能进行反接制动，以防止反接制动时造成直接起动而产生过大的冲击电流。

　　提示：在实际生产工作中，操作人员应根据负载的具体情况合理选择桥式起重机的不同挡位。20/5t 桥式起重机元器件明细见表 8.1。

表 8.1　　　　　　　　　　　　　　　　20/5t 桥式起重机元器件明细见表

代号	元器件名称	型号	规格	数量
M1	副钩电动机	YAR-200L-8	15kW	1
M2	小车电动机	YAR-132MB-6	3.7kW	1
M3、M4	大车电动机	YAR-160MB-6	7.5kW	2
M5	主钩电动机	YAR-315M-10	75kW	1
AC1	副钩凸轮控制器	KTJI-50/1		1
AC2	小车凸轮控制器	KTJI-50/1		1
AC3	大车凸轮控制器	KTJI-50/5		1
AC4	主钩主令控制器	LK1-12/90		1
YB1	副钩电磁抱闸制动器	MZD1-300	单相 AC380V	1
YB2	小车电磁抱闸制动器	MZD1-100	单相 AC380V	1
YB3、YB4	大车电磁抱闸制动器	MZD1-200	单相 AC380V	2
YB5、YB6	主钩电磁抱闸制动器	MZS1-45H	三相 AC380V	2
1R	副钩电阻器	2K1-41-8/2		1
2R	小车电阻器	2K1-12-6/1		1
3R、4R	大车电阻器	4K1-22-6/1		2
5R	主钩电阻器	4P5-63-10/9		1
QS1	电源总开关	HD-9-400/3		1
QS2	主钩电源开关	HD11-200/2		1
QS3	主钩控制电源开关	DZ5-50		1
QS4	紧急开关	A-3161		1
SB	起动按钮	LA19-11		1
KM	主交流接触器	CJ20-300/3	300A，线圈电压 380V	1
KA0	总过电流继电器	JL4-150/1		1
KA1	副钩过电流继电器	JL4-40		1
KA2～KA4	大车、小车过电流继电器	JL4-15		1
KA5	主钩过电流继电器	JL4-150		1
KM1～KM2	主钩正反转交流接触器	CJ20-250/3	250A，线圈电压 380V	2
KM3	主钩抱闸接触器	GJ20-75/2	45A，线圈电压 380V	1
KM4、KM5	反接电阻切除接触器	GJ20-75/3	75A，线圈电压 380V	2
KM6～KM9	调速电阻切除接触器	GJ20-75/3	75A，线圈电压 380V	4
KV	欠电压继电器	JT4-10P		1

续表

代号	元器件名称	型号	规格	数量
FU1	电源控制电路熔断器	RL1-15/5	15A，熔体 5A	2
FU2	主钩控制电路熔断器	RL1-15/10	15A，熔体 5A	2
SQ1～SQ4	大、小车限位位置开关	LK4-11		4
SQ5	主钩上升限位位置开关	LK4-31		1
SQ6	副钩上升限位位置开关	LK4-31		1
SQ7	舱门安全开关	LX2-11H		1
SQ8、SQ9	横梁栏杆门安全开关	LX2-111		2

操作技能

一、20/5t 桥式起重机典型故障分析

1. 合上电源总开关 QS1 并按下起动按钮 SB 后，主接触器 KM 不吸合

故障的原因可能是：线路无电压，熔断器 FU1 熔断，紧急开关 QS4 或安全门开关 SQ7

SQ8、SQ9 未合上，主接触器 KM 线圈断线，有凸轮控制器手柄没在 "0" 位，或凸轮控制器零位触点 AC1-7、AC2-7、AC3-7 触点分断，过电流继电器 KA0～KA4 动作后未复位。

其故障检测流程如图 8.5 所示。

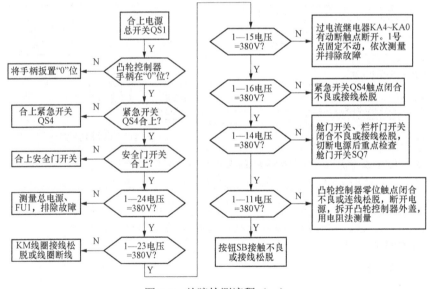

图 8.5　故障检测流程（一）

提示：该故障发生几率较高，排除时先目测检查，然后在保护控制柜中和出线端子上测量、判断；确定故障大致位置后，切断电源，再用电阻法测量、查找故障具体部位。

2. 按下起动按钮后，交流接触器 KM 不能自锁

故障在 7～9 区中的 1～14 号线之间出现断点，而多出现在 7～14 号之间的 KM 自锁触点上，断开总电源，用电阻法测量。

3. 副钩能下降但不能上升

其检测判断流程如图 8.6 所示。

提示：对于小车、大车向一个方向工作正常，而向另一个方向不能工作的故障，判断方法类似。在检修试车时不能朝一个运行方向试车行程太大，以免又产生终端限位故障。

4. 制动抱闸器噪声大

故障原因可能是：交流电磁铁短路环开路；动、静铁心端面有油污；铁心松动或有卡滞现象；铁心端面不平、变形；电磁铁过载。

提示：主钩电磁抱闸制动器的线圈有三角形连接和星形连接两种，更换时不能接错，线圈头尾错误、接法错误可能使线圈过热烧毁，或造成吸力不足使制动器不能打开。

5. 主钩既不能上升又不能下降

故障原因有多方面，可从主钩电动机运转状态、电磁抱闸器吸合声音、继电器动作状态来判断故障。交流电磁保护柜装于桥架上，观察交流电磁保护柜中继电器动作状况，测量需分移与吊车司机配合进行，注意高空操作安全。尽量在驾驶室端子排上测量，并判断故障大致位置。其主要检测流程如图8-7所示。

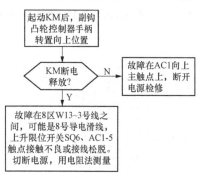

图8-6　故障检测流程（二）

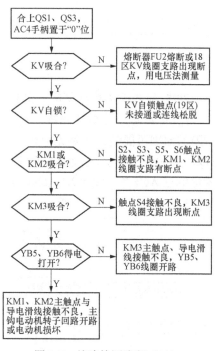

图8-7　故障检测流程（三）

6. 接触器 KM 吸合后，过电流继电器 KA0～KA4 立即动作

故障现象表明有接地短路故障存在，引起过电流保护继电器动作，故障可能的原因有：凸轮控制器 AC1～AC3 电路接地；电动机 M1～M4 绕组接地；电磁抱闸 YB1～YB4 线圈接地。一般采用分段、分区和分别试验的方法，查找出故障具体点。

二、文件整理和记录

1. 写检修记录单

检修记录单一般包括设备编号、设备名称、故障现象、故障原因、维修方法、维修日期等项目，见表8.2。记录单可清楚表示出设备运行和检修情况，为以后设备运行和检修提供依据，请一定认真填写。

表8.2　　　　　　　　　　检 修 记 录 单

序号	代号	设备名称	故障现象	故障原因	维修方法	维修日期
1						
2						
3						

2. 文件存档

设备制作调试完成后，将设备的电气原理图、电气安装接线图、器件材料配置清单、检修记录等材料按顺序排好，装入档案袋存档，设备使用者，可以根据这些资料，了解设备的原理、组成设备、器件数量及生产厂家。若使用中设备出现故障修要检修，尽量使用同型号、同规格的器件。检修后填写检修记录单，将检修记录单按照填写的先后顺序排好留存。

技能训练

一、训练目的

掌握 20/5t 桥式起重机电气控制线路的故障分析与检修方法。

二、训练器材

1. 工具

试电笔、电工刀、尖嘴钳、斜口钳、剥线钳、螺钉旋具、活扳手等。

2. 仪表

万用表、绝缘电阻表、钳形电流表。

3. 机床

20/5t 桥式起重机或桥式起重机模拟电气控制台。

三、训练内容

对典型故障分析中涉及的故障现象设置合理故障点，试车检测并排除；针对以下故障点分析故障现象，合理设置故障并试车检测，编写检修流程，按照规范检修步骤排除故障。

（1）KM 自锁触点上 14 号线断开。

（2）KM 自锁触点上 2 号线断开。

（3）7 区端子排上 6 号线断开。

（4）11 区 KA0 动断触点上 15 号线断开。

（5）18 区欠电压继电器 KV 线圈上 104 号线断开。

（6）19 区欠电压继电器 KV 自锁触点 103 号线断开。

（7）23 区上升交流接触器 KM2 线圈上 112 号线断开。

（8）凸轮控制器手柄不在"0"位。

四、注意事项

桥式起重机的结构复杂，工作环境比较恶劣，同时工作频繁，副钩、小车、大车电气连接通过导电滑线连接，故障率较高，必须坚持经常性地维护保养和检修。检修和维护属于高空作业，应尤为注意人身安全。在熟悉元器件位置、布线走向、掌握电路工作原理的基础上，观看教师示范检修，由教师设置故障点，从故障现象进行分析，逐步掌握正确的检修步骤和检修方法。

项目考核

一、判断题

1. 桥式起重机的主要运动有大车的横向运动、小车的纵向运动及主钩、副钩的升降运动。

（   ）

2. 额定起重量是指起重机允许吊起的物品重量。

（   ）

3．起升速度是指吊物或取物装置在稳定运动状态下，额定载荷时的垂直位移速度。

（　　）

4．大、小车的运行速度为拖动电动机的空载转速。（　　）

5．断续工作制的标准负载持续率有 15%、40%、60%、75% 等几种。（　　）

6．电动机转子制成细长型，转动惯量小，增加了起、制动时的能量损耗。（　　）

7．具有一定的调速范围，普通起重机的调速范围一般为 3:1。（　　）

8．当电动机通电时，电磁抱闸制动器的线圈获电，使闸瓦与闸轮分开，电动机可以自由旋转；当电动机断电时，电磁抱闸制动器失电，闸瓦抱住闸轮使电动机被制动停转。

（　　）

9．过电流继电器的整定值一般整定在被保护的电动机额定电流的 2.25～2.5 倍。（　　）

10．起重机用的三相交流电动机与一般生产机械传动用的交流电动机不同。（　　）

11．桥式起重机上由于采用了各种电气制动，因此可以不采用电磁抱闸进行机械制动。

（　　）

12．起重机上与电动机配套使用的变阻器仅仅是为了限制起动电流。（　　）

13．任何一台桥式起重机都可以采用凸轮控制器进行控制。（　　）

14．起重机上的小车平移传动电动机，可以使用频敏变阻器。（　　）

二、选择题

1．大车、小车和副钩用凸轮控制器控制，而主钩用主令控制器控制接触器，再由接触器控制电动机，其原因是（　　）。

A．主令控制器控制方便

B．主令接触器的触点容量大

C．主令控制器触点容量小，但可以控制接触器，其容量已足够

D．以上都不对

2．主钩上升过程共分 6 挡，可以得到各种不同的上升速度；而下降过程较复杂，在"J"挡时，切除两段转子电阻，抱闸仍然抱紧，电动机处于上升状态，这种工作状态用于（　　）。

A．吊了重物停留在空中　　　　　　　　B．重物下降

C．重物上升　　　　　　　　　　　　　D．以上都不对

3．主钩处于下降"1"挡时，主钩电动机仍处于正序电压，电动机处于上升状态，但抱闸打开，电动机可以转动，与"J"挡相比又接入一段电阻，使负载重力大于上升力，物体下降，电动机处于（　　），用于（　　）。

A．制动状态　　　B．再生制动状态　　　C．重物低速下降　　　D．重物提升

4．主钩手柄在制动下降位置"2"挡时，转子电阻全部投入转子电路，电磁转矩更小，这种状态用于（　　）。

A．重物加速下降　　B．重物减速下降　　C．重物提升　　　　D．重物加速上升

5．当主钩控制手柄置于强力下降"3""4""5"挡时，接触器 KM1 通电吸合，不同位置分别切除转子电阻而得到不同的速度，这些位置用于（　　）。

A．重物强行下降　　B．重物上升　　　　C．重物慢速下降　　D．重物加速下降

6．起重机上的小车平移传动电动机，通常配用频敏变阻器，其作用是（　　）。

A．保证货物平稳提升　　　　　　　　　B．有利于物件在空中的平稳移动

  C. 保证货物的平稳下降   D. 上述说法都不对

7. 桥式起重机中电动机的短路保护，通常采用（   ）。

  A. 过电流继电器   B. 熔断器   C. 欠电流继电器   D. 热继电器

8. PQR10A 控制屏组成的控制器中，当主令控制器的手柄置于"J"挡时（   ）。

  A. 提升货物   B. 下放货物

  C. 电动机可靠稳定的闸住   D. 电动机进行回馈制动

9. PQR10A 控制屏组成的控制器中，当主令控制手柄置于"J""1""2"挡时（   ）。

  A. 电动机处于正转电动状态   B. 电动机处于回馈制动状态

  C. 电动机处于倒拉反接制动状态   D. 电动机处于反转电动状态

10. 桥式起重机中所用的电磁制动器，其工作情况为（   ）。

  A. 通电时电磁抱闸将电动机抱住   B. 断电时电磁抱闸将电动机抱住

  C. 上述两种情况都不是

三、简答题

1. 起重设备采用机械抱闸的优点是什么？

2. 桥式起重机为什么多选用绕线式转子异步电动机驱动？

3. 桥式起重机在起动前各控制手柄为什么都要置于"0"位？

4. 简述在主钩控制电路中接触器 KM9 的自锁触点与 KM1 的辅助动合触点串接使用的原因。

5. 简述接触器 KM2 线圈支路中（23 区），KM2 动合触点与 KM9 的辅助动断触点并联的作用。

6. 在 20/5t 桥式起重机的电路图中，若合上电源开关 QSl 并按下起动按钮 SB 后，主接触器 KM 不吸合，可能的故障原因有哪些？

7. 起重机在下降重物时可以工作在那几种工作状态？

四、技能题

在技能训练内容中，每次设置故障一个，分析和排除故障时间为 30min。考核要求与评分标准见表 8.3。

表 8.3   **考核要求与评分标准**

序号	考核内容	考核要求	评分标准	配分	扣分	得分
1	故障分析	准确分析故障原因	（1）不能根据试车状况说出故障现象，扣 5～10 分 （2）不能标出最小故障范围，每个故障扣 5 分 （3）标不出故障线段或错标在故障回路以外，每项扣 5 分	30 分		
2	排除故障	（1）操作合理 （2）仪表使用正确 （3）正确排除故障	（1）停电不验电，扣 5 分 （2）损坏电器元件，扣 40 分 （3）仪表使用不正确，每次扣 5 分 （4）故障排除方法、步骤不正确，扣 10 分 （5）查出故障，但不能排除，每个扣 20 分 （6）不能查出故障，每个扣 35 分 （7）扩大故障范围或产生新的故障，每个扣 40 分	60 分		

序号	考核内容	考核要求	评分标准	配分	扣分	得分
3	安全文明生产	按生产规程操作	违反安全文明生产规程，扣 10 分	10 分		
4	定额工时	30min	每超 5min，扣 5 分			
起始时间			合计	100 分		
结束时间			教师签字	年　月　日		

项目九　三相异步电动机能耗制动控制与实现

 知识目标

了解三相异步电动机能耗制动电路的组成和动作原理。

能力目标

（1）能够绘制三相异步电动机能耗制动的电气原理图、电气安装接线图。
（2）能够制作电路的安装工艺计划。
（3）能按照工艺计划进行线路的安装、调试。
（4）能根据故障现象分析诊断和故障排除。

知识准备

一、能耗制动概念

电动机拖动的生产机械断电后，因惯性大往往需要较长的停车时间，有时这会降低生产效率；有些设备工艺要求电动机迅速而准确地停车，这就必须对电动机进行制动。制动停车可以采用机械抱闸制动、电气制动或既抱闸又电气制动。笼型异步电动机的电气制动与绕线式异步电动机、直流电动机一样，主要采用能耗制动、反接制动等。

三相异步电动机能耗制动就是切断电动机交流电源的同时，向定子绕组通入直流电流，将电动机转子因惯性而旋转的动能，转化为电能消耗在转子电阻上的一种制动方法，此时转子切割静止的磁力线，产生感应电动势和转子电流，转子电流与磁场相互作用，产生制动力矩，使电动机迅速减速停车。

二、三相异步电动机能耗制动控制电路的动作原理

1. 按时间原则控制的能耗制动控制电路

按时间原则控制的能耗制动电路如图 9.1 所示。图中 KM1 控制电动机的交流电源，KM2 控制制动电源，由时间继电器设定制动时间的长短。

（1）工作过程分析。合上 QS 电源开关，按下起动按钮 SB2，接触器 KM1 通电自锁，主触点接通电动机的电源，电动机开始运转。

停车时，按下停车按钮 SB1，接触器 KM2、时间继电器 KT 通电自锁，KM2 的动合触点接通整流电路的电源和电动机两相定子绕组，能耗制动开始，KT 开始延时。延时时间到时，KT 的动断延时断开触点切断 KM2 的线圈支路，KM2 释放，制动结束。

（2）直流电源的参数估算。直流制动电流 I_z 的计算式为

$$I_z = (1.5 \sim 4) I_N$$

当设备惯性大时，系数可取大些，否则取小些。

直流电源的制动电压 U 的计算式为

$$U = RI_z$$

式中：R 为电机两相间的冷态电阻。

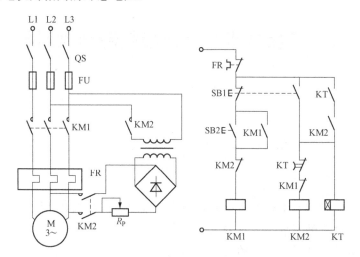

图 9.1　按时间原则控制的能耗制动控制电路

变压器容量及二极管的参数：

变压器一二次侧电压

$$U_2=1.11RI_z$$

变压器一二次侧电流取

$$I_2=1.11I_z$$

变压器容量为

$$S=U_2I_2$$

二极管的正向平均电流为 $I_z=1/2I_2$，反向电压 $\sqrt{2}\,U_2$，并留 1.5～2 倍的裕量。

2. 按速度原则控制的可逆运行能耗制动控制电路

按速度原则控制的可逆运行能耗制动控制电路图 9.2 所示。三相异步电动机制动过程中，由速度继电器检测电动机的转速，当转速接近于零时切断制动电源。

工作时，合上电源开关 QS，按下正向或反向起动按钮，接触器 KM1 或 KM2 线圈通电并自锁，电动机正转或反转，速度继电器的动合触点 KV1 或 KV2 闭合。工作结束，按下停车按钮 SB1，使 KM1 或 KM2 线圈断电，SB1 的动合触点接通接触器 KM3 线圈使其通电动并自锁，电动机接入直流电源进行能耗制动，当转速下降到设定值，如 100r/min 时，速度继电器的动合触点 KV1 或 KV2 断开，KM3 线圈断电，制动结束。该电路的主要特点是制动准确，但制动速度较慢，而且需要直流电源，主要用于要求平稳制动的场合。

3. 以时间为变化参量控制起动和能耗制动的控制电路

图 9.3 是以时间为变化参量控制三相绕线转子电动机起动和能耗制动的控制电路。

（1）起动前的准备。先将主令控制器 SA 的手柄置到"0"位，再合电源开关 QS1、QS2，则：

1）零位继电器 KV 线圈通电并自锁。

2）KT1、KT2 线圈得电，其动断延时闭合的触点瞬时打开，确保 KM1、KM2 线圈断电。

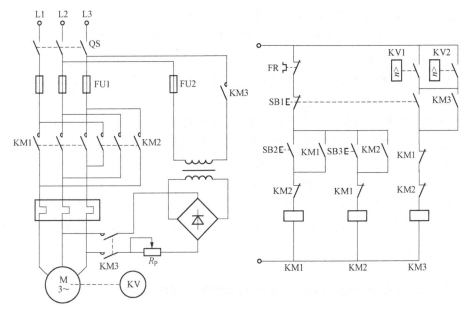

图 9.2　按速度原则控制的可逆运行能耗制动控制电路

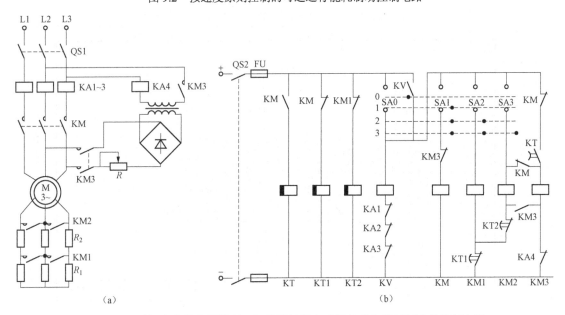

（a）

（b）

图 9.3　以时间为变化参量控制三相绕线转子电动机起动和能耗制动的控制电路

（a）主电路；（b）控制电路

（2）起动控制过程。

将 SA 的手柄推向"3"位，SA 的触点 SA1～SA3 均接通，KM 线圈通电，则：

1）KM 的动合触点闭合，主触点将电动机接入交流电源，电动机在转子串两段电阻情况下起动。同时，KM 的动合辅助触点接通 KT 线圈，KT 的动合延时打开触点闭合。

2）KM 的动断触点打开，KT1 线圈断电开始延时，当延时结束时，KT1 动断触点闭合，KM1 线圈通电：一方面，KM1 的动合触点闭合，切除一段电阻 R_1；另一方面，由于 KM1 的动断触点断开，KT2 线圈断电开始延时，当延时结束时，KT2 的动断触点闭合，KM2 线圈通电，其动合触点闭合，切除电阻 R_2，起动结束。

需要说明一点，在起动过程中，KM 线圈通电时，其动断触点先断开，动合触点后闭合，这样确保 KM3 线圈不通电。

（3）制动控制过程。制动时，将主令控制器的手柄扳回"0"位，此时 KM、KM1、KM2 线圈均断电。同时，KT1、KT2 线圈得电，动断延时闭合触点打开，其制动过程如下：

1）KM 的动断触点闭合，KM3 线圈通电，电动机接入直流电源进行能耗制动；同时，KM2 线圈通电，电动机在转子短接全部电阻情况下能耗制动。

2）KM 的动合辅助触点断开，KT 线圈断电开始延时，当延时结束时，KT 的动合延时断开触点断开，KM2、KM3 线圈均断电，制动结束。

（4）调速控制过程。当需要电动机在低速下运行时，可将主令控制器手柄推向"2"位或"1"位，其工作过程请读者自行分析。KA1～KA4 均为过电流继电器，起过流保护作用。

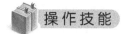 操作技能

一、按时间原则三相异步电动机的能耗制动控制电路的制作

（1）根据绘制电气原理图的原则画出三相异步电动机按时间原则控制的能耗制动原理图，要求用 4 号图纸绘出，要求留边框、标题栏，如图 9.4 所示（虚线框为纸边）。

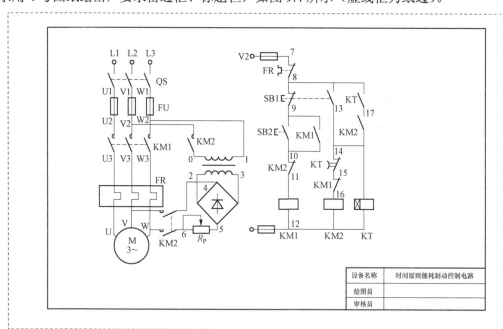

设备名称	时间原则能耗制动控制电路
绘图员	
审核员	

图 9.4　三相异步电动机能耗制动原理图

（2）在电气原理图上对主电路和控制电路各接线端进行编号。

（3）根据电气原理图自行绘出电气安装接线图，参考图 9.5。

（4）填写三相异步电动机按时间原则控制的能耗制动电路的电器、材料配置清单（见表9.1），并领取材料。

（5）电工工具准备。

（6）确定配电板底板的材料和大小。

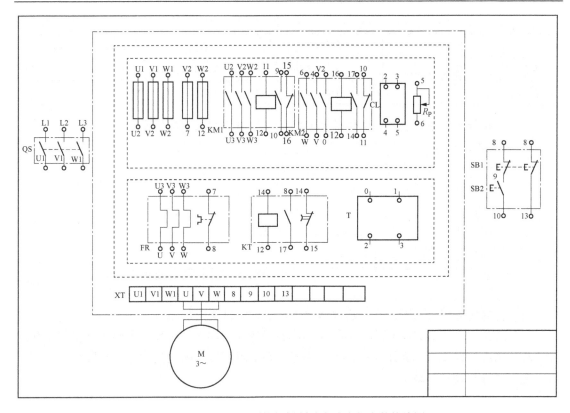

图 9.5 时间原则控制的能耗制动电路电气安装接线图

（7）选择刀开关、熔断器、交流接触器、热继电器、时间继电器、变压器、硅堆、起停按钮、接线端子、电动机、配电板，并进行质量检查。

（8）确定刀开关、熔断器、交流接触器、热继电器、时间继电器、变压器、硅堆、起停按钮、接线端子的位置，并进行安装。

（9）采用板前槽配线方式进行配线。

表 9.1　　　三相异步电动机按时间原则控制的能耗制动电路的电器材料配置清单

代号	器件名称	型号规格	数量	生产厂家（备注）
QS	刀开关	15A	1	
FU	熔断器	RT1A	5	
KM	交流接触器	CJ20-16	2	
FR	热继电器	JR20-16	1	
KT	时间继电器	JS7-2	1	
T	变压器	50VA	1	
CL	硅堆	5A	1	
SB	起停按钮	LA19	1	双联按钮
M	电动机	三相异步电动机	1	7.5kW 以下
	配电板	使用面积（40×40）cm²	1	

续表

代号	器件名称	型号规格	数量	生产厂家（备注）
XT	接线端子	不少于 15 组	1	
BV	导线	硬导线截面积 1mm^2	若干	

二、三相异步电动机按时间原则控制的能耗制动电路的调试与检修

1. 调试前的准备

（1）器件好坏、安装位置、连接正确的检查。

（2）验证绝缘电阻是否符合要求。

2. 调试过程

（1）电路不接电源，用万用表的 Ω 挡进行测试。

（2）接通控制电路电源进行测试。

（3）接通主电路和控制电路的电源，检查电动机的起动和制动是否正常。

3. 检修

（1）检修时先用万用表，在不通电情况下，进行测试确定故障点。

（2）合上 QS 电源进行观察，并按照电路正常操作次序进行操作，观察电动机起动和能耗制动的情况，发现异常立即停车检查。用万用表电阻测量法确定故障点，并排除。

三、文件整理和记录

1. 填写检修记录单

认真填写三相异步电动机按时间原则控制的能耗制动电路的检修记录单，见表 9.2。

表 9.2　　　　检 修 记 录 单

序号	代号	设备名称	故障现象	故障原因	维修方法	维修日期
1	QS	刀开关				
2	FU	熔断器				
3	KM	交流接触器				
4	FR	热继电器				
5	KT	时间继电器				
6	T	变压器				
7	CL	硅堆				
8	SB	起停按钮				
9	M	电动机				
10	XT	接线端子				

2. 文件存档

设备制作调试完成后，将设备的电气原理图、电气安装接线图、器件材料配置清单、检修记录等材料按顺序排好，装入档案袋存档。

四、安全操作

（1）建议采用万用表电阻测量法检修三相异步电动机按时间原则控制的能耗制动的故障。

（2）特别注意 KM1、KM2 的互锁触点是否正确，如果接错电动机可能运行中制动。

（3）自觉遵守安全操作规范。

（4）工作结束，要关掉电源并把万用表打到交流最高电压挡位，整理工作台面后离开现场。

技能训练

一、三相异步电动机按时间原则控制的能耗制动电路的制作

（1）写出三相异步电动机按时间原则控制的能耗制动电路的制作工艺过程。

（2）绘制电路原理图。

（3）在原理图中对各接线端编号，依据原理图绘制电路安装接线图。

（4）完成元件安装和电路的制作、检修。

（5）在教师监护下通电试车。

（6）完成文件整理和存档。

二、检修电路训练

1. 电动机没有制动作用的检修

（1）分析原理，确定电动机没有制动的故障范围。通常是电动机断开交流电源后直流电源没有通入。可检查直流电源有无问题，接触器 KM2 和时间继电器 KT 的触点是否接触良好，以及线圈有无损坏等。此外，如果制动的直流电流太小，制动的效果也不明显，如无电路的故障，可调节可调电阻以调节制动电流。

（2）画出电动机没有制动的故障检修流程图。

（3）按照故障检修流程图逐步检查确定故障点，并排除故障。

（4）填写故障记录单并存档。

2. 制动效果明显，但电动机容易发热故障的检修

（1）分析原理图，确定故障范围。其原因有两种：制动的时间过长，时间继电器 KT 未能在电动机停下来后及时切断直流电源而造成电动机定子绕组发热，应调节 KT 的延时长短；制动的直流电流太大，可调节 R 取得合适的制动电流，一般可按电动机额定电流的 1.5 倍来估算制动电流，并根据实际制动效果进行调节。

（2）测试确定故障点，排除故障。

（3）填写故障记录单并存档。

项目考核

一、判断题

1. 三相异步电动机能耗制动就是切断电动机交流电源的同时，向定子绕组通入单相电流，将电动机转子因惯性而旋转的动能，转化为电能消耗在转子电阻上的一种制动方法。
（　　）

2. 能耗制动的主要特点是制动准确，但制动速度较慢，而且需要交流电源。　（　　）

二、选择题

1. 能耗制动中直流制动电流为电动机额定电流的（　　）倍。

　　A. 0.5～1　　　　　B. 1.5～4　　　　　C. 4.5～6　　　　　D. 6.5～8

2．按速度原则控制的可逆运行能耗制动过程中，由速度继电器检测电动机的转速，当转速接近于（　　）r/min 时切断制动电源。

A．0　　　　　　　　B．100　　　　　　　　C．200　　　　　　　　D．300

3．能耗制动中电动机需接入（　　）电源进行能耗制动。

A．单相　　　　　　　B．三相　　　　　　　C．直流　　　　　　　D．直流或交流

三、简答题

1．常用的制动方法有哪几种？制动的目的是什么？

2．阐述三相异步电动机能耗制动的原理。

3．简述能耗制动的优点、缺点和适用场合。

四、技能题

能耗制动控制电路的制作。项目考核要求与评分标准如表 9.3。

表 9.3　　　　　　　　　　　　　　考核要求与评分标准

序号	考核内容	考核要求	评分标准	配分	扣分	得分
1	（1）计划合理 （2）工艺合理	（1）做出可行实施计划 （2）制作项目的工艺过程	每项未完成扣 3 分	20 分		
2	接线图绘制	根据电气原理图正确绘制接线图	每处错误扣 1 分	20 分		
3	安装布线	（1）正确完成器件选择和质检 （2）元件安装位置合理 （3）电气接线符合要求	接线图不正确一处扣 1 分，一个器件选择或安装有问题、一条线连接不合格扣 1 分	30 分		
4	通电试车	（1）用万用表对主电路进行检查 （2）对信号电路和控制电路进行通电试验 （3）接通主电路的电源不接入电动机进行空载试验 （4）接通主电路的电源接入电动机进行带负载试验，直到电路工作正常为止	一项不正确扣 3 分	20 分		
5	安全文明生产	按生产规程操作	违反安全文明生产规程，扣 10 分	10 分		
6	定额工时	4h	每超 5min，扣 5 分			
起始时间			合计	100 分		
结束时间			教师签字		年　月　日	

项目十　双速电动机电气控制与实现

 **知识目标**

（1）熟悉双速电动机的变速原理。

（2）掌握控制电路工作原理。

（3）清楚元器件的位置及布线走向。

能力目标

（1）能够正确安装与调试双速电动机控制电路。

（2）能够正确检修双速电动机控制电路。

知识准备

三相异步电动机的转速表达式为

$$n = n_1(1-s) = \frac{60f_1}{p}(1-s)$$

由上式可以看出，决定转速 n 大小的参数有电机极对数 p、电源频率 f_1 和转差率 s。所以，三相异步电动机的调速方法有变极调速、变频调速和改变转差率调速三种。

双速电动机调速属于变极调速。

一、电流反向法变极原理

改变定子的极对数，通常用改变定子绕组的接法来实现。这方法适用于笼型异步电动机，因其转子无固定的极对数，极对数随定子而定。

由交流绕组的理论可知，三相异步电动机定子每相绕组产生的脉振磁动势的磁极对数，就等于旋转磁动势的磁极对数；分布绕组可以根据基波磁动势幅值相等的原则等效为集中绕组。因此，按照单相集中绕组就可说明改变电动机磁极对数的问题。图 10.1（a）中，表示极数等于 4 时，一相绕组的连接方式，绕组由相同的两部分串联连接。图 10.1（b）为四极绕组展开图。如果将绕组由图 10.1（a）的串联方式改成图 10.1（c）的并联方式，即绕组展开图如图 10.1（d）所示，则磁极数目减少一半，由四极变成两极，同步转速升高一倍。由图 10.1 可以看出，串联时两个半绕组的电流方向相同，都是从首端流进、末端流出，或者都是从末端流进、首端流出；改成并联后，两个半相绕组的电流方向相反，当一个半相绕组的电流从首端流进、末端流出时，另一个半相绕组的电流便从末端流进、首端流出。因为改变磁极数目是靠一个半相绕组的电流反向来实现的，所以称为电流反向法变极。由此可知，改变接法可使极对数成倍减少，使同步转速成倍增加。显然，这种调速方法只能是有级调速。

应当指出，一套绕组极数成倍变换时，必须同时倒换电源的相序。因为极数不同，空间电角度的大小也不一样。例如，两极电机极对数 $p=1$ 时，电角度等于空间机械角度；若 U 相的空间位置为 0°，则 V、W 相分别滞后 U 相 120°和 240°电角度；当换接成四极时，极对数

$p=2$，则电角度=2×空间机械角度。对于同一套绕组，只是改变接法，U、V、W 三相的空间位置并没有改变。但从电角度讲，如仍以 U 相为 0°，则 V、W 相分别在 U 相之后的电角度变为 2×120°=240°和 2×240°=480°（相当于 120°），从而改变了原来的相序，电动机将反转，为使电动机不反转，必须在变极的同时倒换电源的相序。

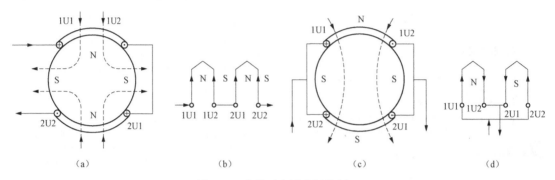

图 10.1　电流反向法变极的原理

（a）4 极相绕组断面示意图；（b）4 极相绕组展开图；（c）2 极相绕组断面示意图；（d）2 极相绕组展开图

二、典型的变极线路

1. Y-YY（双 Y）变极线路

如图 10.2（a）所示，Y 接时，每相的两个"半绕组"串联，相当于以上所说的四极接法；接成双 Y 时，每相两个"半绕组"反向并联，相当于以上所说的两极接法。

2. D-YY 变极线路

如图 10.2（b）所示，D 接时，两个"半绕组"串联，极对数等于 $2p$，同步转速为 n_1；YY 接时，两个"半绕组"反向并联，极对数等于 p，同步转速为 $2n_1$。

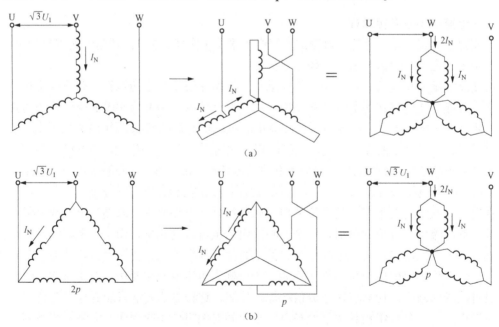

图 10.2　三相绕组变极的两种换接方法

（a）Y-YY；（b）D-YY

操作技能

一、双速电动机定子绕组的连接

双速电动机定子绕组的 D/YY 连接图如图 10.3 所示。图中，三相定子绕组接成 D 接，由三个连接点接出三个出线端 U1、V1、W1，从每相绕组的中点各接出一个出线端 U2、V2、W2，这样定子绕组共有 6 个出线端。通过改变这 6 个出线端与电源的连接方式，就可以得到两种不同的转速。

电动机低速工作时，就把三相电源分别接在出线端 U1、V1、W1 上，另外三个出线端 U2、V2、W2 空接，如图 10-3（a）所示。此时电动机定子绕组接成 D 接，磁极为 4 极，同步转速为 1500r/min。

电动机高速工作时，要把三个出线端

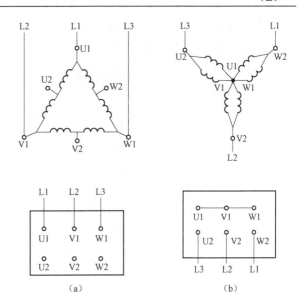

图 10.3　双速电动机三相定子绕组面 D/YY 接线图
（a）低速——D 接法（4 极）；（b）高速——YY 接法（2 极）

U1、V1、W1 并接在一起，三相电源分别接到另外三个出线端 U2、V2、W2 上，如图 10.3（b）所示。这时电动机定子绕组接成 YY 形，磁极为 2 极，同步转速为 3000 r/min。可见，双速电动机高速运转时的转速是低速运转转速的两倍。

二、双速电动机的控制线路

1. 时间继电器控制双速电动机的控制线路

用时间继电器控制双速电动机低速起动、高速运转的电路图如图 10.4 所示。时间继电器 KT 控制电动机 D 接起动时间和 D-YY 的自动换接运转。

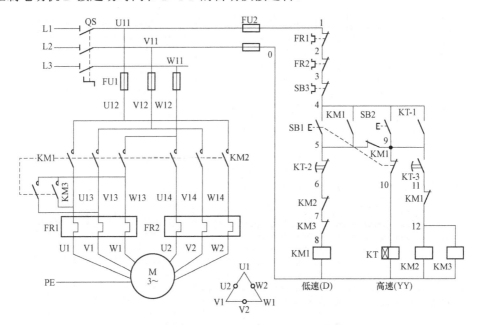

图 10.4　时间继电器控制双速电动机电路图

图 10.4 所示电路的工作原理如下：

合上电源开关 QS，D 接低速起动运转：

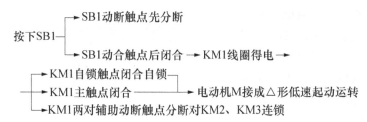

合上电源开关 QS，YY 接高速运转：

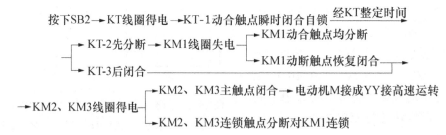

电动机需停止时，按下 **SB3** 即可。若电动机只需高速运转时，可直接按下 **SB2**，则电动机 D 接低速起动后，YY 接高速运转。

2. 接触器控制双速电动机的控制线路

图 10.5 所示为接触器控制双速电动机的电路图。请读者仿照 "1." 自行思考该电路的工作原理。

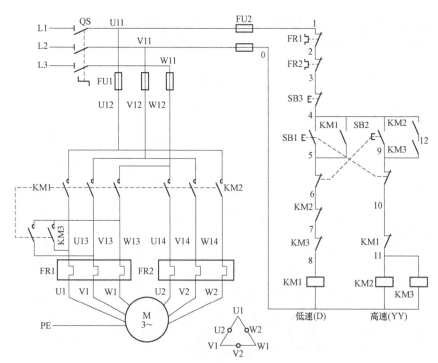

图 10.5　接触器控制双速电动机电路图

技能训练

时间继电器控制双速电动机的控制线路安装与检修。

1. 工具、仪表及器材

根据三相笼型异步电动机的技术数据及图 10.4 所示的电路图,选用工具、仪表及器材,并分别填入表 10.1 和表 10.2 中。

表 10.1　　　　　　　　　　　　　　**工 具 及 仪 表**

工具	
仪表	

表 10.2　　　　　　　　　　　　　　**器 材 明 细 表**

代号	名称	型号	规　　　　格	数量
M	三相笼型异步电动机	YD112M-4/2	3.3kW/4kW、380V、7.4A/8.6A、D/YY 接法、1440r/min 或 2890r/min	1
QS	电源开关			
FU1	熔断器			
FU2	熔断器			
KM1~KM3	交流接触器			
FR1	热继电器			
FR2	热继电器			
KT	时间继电器			
SB1~SB3	按钮			
XT	端子板			
	主电路导线			
	控制电路导线			
	按钮线			
	接地线			
	电动机引线			
	控制板			
	走线槽			
	紧固体及编码套管			

2. 安装训练

自编安装步骤,并熟悉其工艺要求,经指导教师审查合格后,开始安装训练。

安装注意事项如下:

(1)接线时,注意主电路中接触器 KM1、KM2 在两种转速下电源相序的状态改变,不能接错;否则,两种转速下电动机的转向相反,换向时将产生很大的冲击电流。

(2)控制双速电动机 D 形接法的接触器 KM1 和 YY 形接法的 KM2 的主触点不能对换接线,否则不但无法实现双速控制要求,而且会在 YY 形运转时造成电源短路事故。

（3）热继电器 FR1、FR2 的整定电流及其在主电路中的接线不要接错。

（4）通电试车前，要复验电动机的接线是否正确，并测试绝缘电阻是否符合要求。

（5）通电试车时，必须有指导教师在现场监护，并用转速表测量电动机的转速。

3. 检修训练

在控制电路或主电路中人为设置电气自然故障两处，由学生自编检修步骤，经教师审阅合格后进行检修。

检修过程中应注意：

（1）检修前，要认真阅读电路图，掌握线路的构成、工作原理及接线方式。

（2）在排除故障的过程中，故障分析、排除故障的思路和方法要正确；

（3）工具和仪表使用要正确；

（4）不能随意更改电路和带电触摸电器元件；

（5）带电检修故障时，必须有教师在现场监护，并要确保用电安全。

项目考核

一、判断题

1. 改变定子的极对数，通常用改变定子绕组的接法来实现。　　　　（　　）

2. 变极调速方法只适用于笼型异步电动机。　　　　（　　）

3. 笼型异步电动机的转子无固定的极对数，它的极对数随定子而定。　　　　（　　）

4. 因为改变磁极数目是靠一个半相绕组的电流反向来实现的，所以称为电流反向法变极。

　　　　（　　）

5. 半相绕组的电流反向可使极对数成倍减少或增加，使同步转速成倍变换。　　　　（　　）

6. 变极调速是有级调速。　　　　（　　）

7. 一套绕组极数成倍变换时，必须同时倒换电源的相序。　　　　（　　）

8. 电动机低速工作时，要把三相电源分别接在出线端 U1、V1、W1 上，另外三个出线端 U2、V2、W2 空接。　　　　（　　）

9. 电动机高速工作时，要把三个出线端 U1、V1、W1 并接在一起，三相电源分别接到另外三个出线端 U2、V2、W2 上。　　　　（　　）

二、选择题

1. 双速电动机高速运转时的转速是低速运转转速的（　　）倍。

A. 1　　　　B. 2　　　　C. 3　　　　D. 4

2. 双速电动机定子绕组接成 D 接，磁极为 4 极，同步转速为（　　）r/min。

A. 1000　　　　B. 1500　　　　C. 2000　　　　D. 3000

3. 电动机定子绕组接成 YY 形，磁极为 2 极，同步转速为（　　）r/min。

A. 1000　　　　B. 1500　　　　C. 2000　　　　D. 3000

4. 4/2 极双速电动机的出线端分别为 U1、V1、W1 和 U2、V2、W2，当它为 4 极时与电源的接线为 U1—L1、V1—L2、W1—L3，当它为 2 极时为了保持电动机的转向不变，则接线应为（　　）。

A. U2—L2、V2—L3、W2—L1　　　　B. U2—L3、V2—L2、W2—L1

C. U2—L1、V2—L2、W2—L3

三、简答题

1. 笼型电动机有哪些调速方法？各种方法的特点是什么？用途是什么？

2. 变极调速电路制作中注意哪些问题？

3. 变极调速为什么必须倒换电源的相序？

四、技能题

制作三速电动机的控制电路。

1. 时间继电器控制三速电动机的控制线路

用时间继电器控制三速电动机的电路图如图 10.6 所示。图中 SB1、KM1 控制电动机 D 接法下低速起动运转；SB2、KT1、KM2 控制电动机从 D 接法下低速起动到 Y 接法下中速运转的自动变换；SB3、KT1、KT2、KM3 控制电动机从 D 接法下低速起动到 Y 接法中速过渡到 YY 接法下高速运转的自动变换。

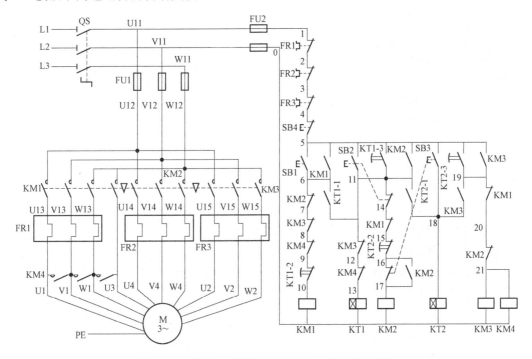

图 10.6　时间继电器控制三速异步电动机的电路图

2. 安装与检修三速异步电动机的控制线路

（1）工具、仪表及器材。根据三速电动机的技术数据及图 10.6 所示的电路图，选用工具、仪表及器材，并分别填入表 10.3 和表 10.4 中。

（2）安装。自编安装步骤，并熟悉其工艺要求后，开始安装。

安装注意事项如下：

1）主电路接线时，要看清电动机出线端的标记，掌握其接线要点：D 接低速时，U1、V1、W1 经 KM1 接电源，W1、U3 并接；Y 接中速时，U4、V4、W4 经 KM2 接电源，W1、U3 必须断开空接；YY 形高速时，U2、V2、W2 经 KM3 接电源，U1、V1、W1、U3 并接。接线要细心，做到正确无误。

2）热继电器 FR1、FR2、FR3 的整定电流在三种转速下是不同的，调整时不要搞错。

3）通电试车时，要复验电动机的接线是否正确，并测试绝缘电阻是否符合要求。同时必须有指导教师在现场监护，并用转速表测量电动机的转速。

表10.3　　　　　　　　　　　　　　　　　　工 具 及 仪 表

工具	
仪表	

表10.4　　　　　　　　　　　　　　　　　器 材 明 细 表

代号	名称	型号	规　　　格	数量
M	三速电动机	YD160M-8/6/4	3.3kW/4kW/5.5kW、380V、10.2A/9.9A/11.6A、D/Y/YY 接法、720/960/1440r/min	1
QS（或 QF）	电源开关			
FU1	熔断器			
FU2	熔断器			
KM1～KM4	交流接触器			
FR1	热继电器			
FR2	热继电器			
FR3	热继电器			
SB1～SB4	按钮			
XT	端子板			
	主电路导线			
	控制电路导线			
	按钮线			
	接地线			
	电动机引线			
	控制板			
	走线槽			
	紧固体及编码套管			

（3）检修。在控制电路或主电路中人为设置电气自然故障两处，由学生自编检修步骤并检修。

3. 考核要求及评分标准（见表10.5）

表10.5　　　　　　　　　　　　　　　考核要求与评分标准

序号	考核内容	考核要求	评分标准	配分	扣分	得分
1	选用工具、仪表及器材	选用正确	（1）电器元件选错型号和规格，每个扣2分 （2）工具、仪表少选或错选每个扣2分 （3）穿线管、编码套管等选用不当，每项扣2分	15分		
2	装前检查	合理检查元件	电器元件漏检或错检，每处扣1分	5分		

序号	考核内容	考核要求	评分标准	配分	扣分	得分
3	安装布线	(1) 元件安装合理 (2) 导线敷设规范 (3) 接线正确	(1) 电器布置不合理，扣5分 (2) 电器元件安装不牢固，每只扣4分 (3) 电器元件安装不整齐、不匀称、不合理，每只扣3分 (4) 损坏电器元件，每只扣15分 (5) 走线槽安装不符合要求，每处扣2分 (6) 不按电路图接线，扣15分 (7) 布线不符合要求，每根扣3分 (8) 接点松动、露铜过长、反圈等，每个扣1分 (9) 损伤导线绝缘层或线芯，每根扣5分 (10) 漏装或套错编码套管，每个扣1分 (11) 漏接接地线，扣10分	20分		
4	故障分析	故障分析正确	(1) 故障分析、排除故障思路不正确，每个扣5～10分 (2) 标错电路故障范围，每个扣5分	10分		
5	排除故障	(1) 工具仪表使用正确 (2) 查出故障点准确，且能排除故障	(1) 断电不验电，扣5分 (2) 工具及仪表使用不当，每次扣5分 (3) 排除故障的顺序不对，扣5分 (4) 不能查出故障点，每个扣10分 (5) 查出故障点，但不能排除，每个故障扣5分 (6) 产生新的故障；不能排除，每个扣10分 已经排除，每个扣5分 (7) 损坏电动机，扣20分 (8) 损坏电器元件，或排除故障方法不正确，每只（次）扣5～20分	20分		
6	通电试车	试车无故障	(1) 热继电器未整定或整定错误，每只扣5分 (2) 熔体规格选用不当，每只扣5分 (3) 试车不成功，扣20分	20分		
7	安全文明生产	按生产规程操作	违反安全文明生产规程，扣10分	10分		
8	定额工时	4h	每超5min，扣5分			
起始时间			合计	100分		
结束时间			教师签字		年　月　日	

项目十一　Z3040型摇臂钻床电气控制与实现

知识目标

（1）了解Z3040型摇臂钻床的主要运动形式。

（2）掌握Z3040型摇臂钻床线路工作原理。

（3）掌握Z3040型摇臂钻床线路故障的分析方法及故障的检测流程。

能力目标

（1）能对Z3040型摇臂钻床电气线路进行安装、调试。

（2）能对Z3040型摇臂钻床电气线路进行检修。

知识准备

一、Z3040型摇臂钻床基本结构和运动形式

钻床是一种用途广泛的孔加工机床，主要用钻头钻削准确度要求不太高的孔，另外还可以用来扩孔、铰孔、镗孔，以及刮平面、攻螺纹等。

钻床的结构形式很多，有立式钻床、卧式钻床、深孔钻床及多轴钻床等。摇臂钻床是一种立式钻床，适用于单件或批量生产中带有多孔的大型零件的孔加工。

Z3040型摇臂钻床主要是由底座、内立柱、外立柱、摇臂、主轴箱、工作台等组成。内立柱固定在底座上，在它外面套着空心的外立柱，外立柱可以绕着内立柱回转一周。摇臂一端的套筒部分与外立柱滑动配合，借助于丝杠，摇臂可以沿着外立柱上下移动，但两者不能做相对运动，所以摇臂将与外立柱一起相对内立柱回转。主轴箱是一个复合的部件，具有主轴和主轴旋转部件以及主轴进给的全部变速和操纵机构。主轴箱可以沿着摇臂上的水平导轨作径向运动。当进行加工时，可利用特殊的加紧机构将外立柱紧固在内立柱上，摇臂紧固在外立柱上，主轴箱紧固在摇臂导轨上，然后进行钻削加工。

Z3040型摇臂钻床的外形与主要元器件分布如图11.1所示。其型号的含义为：

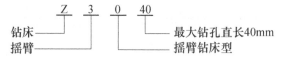

二、电力拖动特点及控制要求

1. 电气控制线路的特点

（1）机床由四台电动机驱动，其中，M1为主轴电动机，M2为摇臂的升降电动机，M3为液压泵电动机，M4为冷却泵电动机。

（2）主轴电动机M1担负主轴的旋转运动和进给运动，由接触器KM1控制，只能单方向旋转，其正反转控制、变速和变速系统的润滑都是通过操纵机构与液压系统实现。热继电器FR1作M1过载保护。

（3）摇臂的升降由接触器 KM2、KM3 控制 M2 实现，摇臂的松开与夹紧则通过夹紧机构液压系统来实现（电气—液压配合实现摇臂升降与放松、夹紧的自动循环）。摇臂的升降设有限位保护。由断路器 QF3 提供过载和短路保护。

（4）液压泵电动机 M3 受接触器 KM4、KM5 控制，M3 的主要作用是供给夹紧装置压力油，实现摇臂的松开与夹紧以及立柱和主轴箱的松开与夹紧。热继电器 FR2 为 M2 提供过载保护。冷却泵电动机 M4 由断路器 QF2 直接控制。

（5）摇臂升降与其夹紧机构动作之间插入时间继电器 KT，使得摇臂升降得以自动完成。同时升降电动机 M2 切断电源后，需延时一段时间，才能使摇臂夹紧，避免了因升降机构的惯性，而直接夹紧所产生的抖动现象。

（6）机床立柱顶上设有汇流环装置，消除了因汇流环接触不良带来的故障。

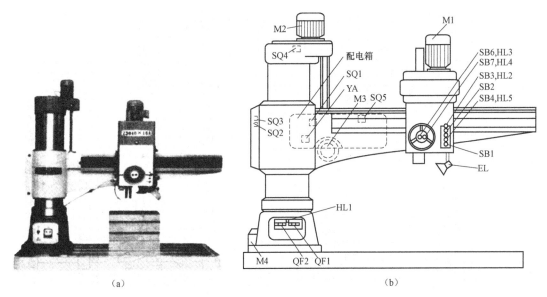

图 11.1 Z3040 型摇臂钻床外形图与元器件分布图

（a）外形图；（b）结构与元器件分布图

2. 观摩操作

为便于加深对钻床的结构、运动形式、控制特点的认识，熟悉电气控制元件在钻床中的位置，进行观摩操作，其主要内容如下：

（1）主要部件的识别（摇臂、主轴箱、立柱、各电动机位置、限位开关位置）。

（2）细心观察摇臂的升降过程的特点（根据动作现象、电动机运转声音说出动作步骤）；观察立柱的夹紧与放松过程，以及主轴箱与摇臂的夹紧与放松过程（打开侧壁龛箱外盖，观察摇臂与立柱松开、夹紧过程中活塞杆压下 SQ2、SQ3 的动作过程）。

（3）在教师的指导下进行摇臂钻床的试车操作。

提示：Z3040 型摇臂钻床内外立柱间没有采用汇流环结构，因此，不允许摇臂朝一个方向连续转动，以免发生事故。

三、Z3040 型摇臂钻床电路动作原理

Z3040 型摇臂钻床电气原理图如图 11.2 所示。机床具有"开门断电"功能，开车前应合

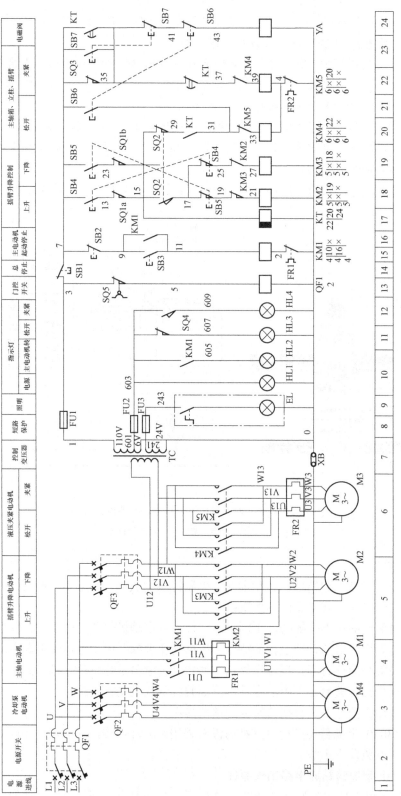

图 11.2　Z3040 型摇臂钻床电气原理图

上 QF3 并将摇臂后部配电箱门盖好,方能合上总电源开关 QF1。电源指示灯 HL1 亮,表示摇臂钻床的电气线路进入带电状态。

1. 主轴电动机 M1 控制

按下起动按钮SB3(15区) → KM1线圈得电并自锁 → M1起动运行
→ M1运行指示灯HL2亮

按下停止按钮 SB2 → KM1 线圈失电 → M1 停转,运行指示灯 HL2 熄灭。

2. 摇臂升降控制

摇臂钻床在常态下,摇臂和外立柱处于夹紧状态,此时,SQ3 处于压下状态,其动断触点(22 区)为断开位置,SQ2 处于自然位置,它们动作的控制由摇臂松开和夹紧油腔推动活塞杆上下移动实现。当摇臂和外立柱松开后,活塞杆下移,压下 SQ2。位置开关 SQ2、SQ3 位置示意如图 11.3 所示。

图 11.3 位置开关 SQ2、SQ3 位置示意图

(1)摇臂上升控制。其过程如下:

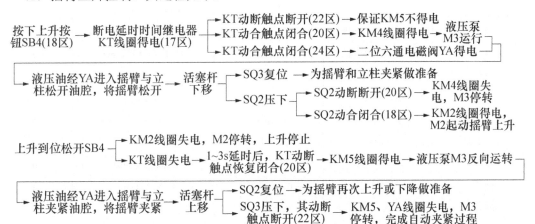

(2)摇臂下降控制。按下按钮 SB5,摇臂下降,动作过程与摇臂上升类似,自动完成松开→下降→夹紧的整套动作。

组合开关 SQ1a、SQ1b 作为摇臂升降的超程限位保护。摇臂的自动夹紧由位置开关 SQ3 控制。如果液压夹紧系统出现故障,不能自动夹紧摇臂,或由于 SQ3 调整不当,在摇臂夹紧后不能使 SQ3 动断触点断开,都会使液压泵电动机 M3 长时间过载运行而损坏,为此装设热继电器 FR2 进行过载保护。摇臂上升、下降电路中采用接触器和按钮复合连锁保护,以确保电路安全工作。

3. 立柱与主轴箱的夹紧与放松控制

按下立柱和主轴箱松开按钮 SB6,KM4 线圈得电,M3 正向运转,液压油经二位六通阀进入立柱和主轴松开油腔,立柱和主轴箱加紧装置松开。

按下立柱和主轴箱夹紧按钮 SB7,接触器 KM5 得电吸合,M3 反转,液压油经二位六通阀重新抽回立柱和主轴箱夹紧油腔,使立柱和主轴箱夹紧装置夹紧。

立柱和主轴箱的松开与夹紧状态可由按钮上所带指示灯 HL3、HL4 指示;也可通过推动摇臂或转动主轴箱上手轮得知,能推动摇臂或能转动手轮表明立柱和主轴箱处于松开状态。

提示：液压泵工作后是摇臂与立柱松开（夹紧）还是立柱与主轴箱松开（夹紧），由二位六通电磁阀 YA 决定。电磁阀得电，将液压油送入摇臂与立柱松开（夹紧）油腔；电磁阀不得电，将液压油送入立柱与主轴松开（夹紧）油腔。

4. 冷却泵电动机 M4 控制

扳动断路器 QF2，就可接通和断开冷却泵 M4 电动机电源，对其直接控制。

5. 照明、指示电路

照明、指示电路的电源由控制变压器 TC 降压后提供 24、6V 电源，由熔断器 FU2、FU3 提供短路保护。EL 为机床照明灯，HL1 为机床通电电源指示灯，HL2 为主轴电动机运行指示灯，HL3、HL4 为立柱和主轴箱的松开与夹紧指示灯。当液压油进入主轴与立柱松开或夹紧油腔后，由液压推杆松开或压下位置开关 SQ4，进而控制指示灯 HL3、HL4。

Z3040 型摇臂钻床元器件明细见表 11.1。

表 11.1　　　　　　　　　　　　Z3040 型摇臂钻床元器件明细表

代号	元器件名称	型号	规格	数量
M1	主轴电动机	Y112M-4	4kW，1440r/min	1
M2	摇臂升降电动机	Y90L-4	1.5kW，1440r/min	1
M3	液压泵电动机	Y802-4	0.75kW，1390r/min	1
M4	冷却泵电动机	AOB-25	90W，2800r/min	1
KM1	交流接触器	CJ20-20	20A，线圈电压 110V	1
KM2~KM5	交流接触器	CJ20-10	10A，线圈电压 110V	4
FU1~FU3	熔断器	BZ-001A	2A	3
KT	时间继电器	JS7-4A	线圈电压 110V	1
FR1	热继电器	JR16-20/3D	6.8~11A	1
FR2	热继电器	JR16-20/3D	1.5~2.4A	1
QF1	低压断路器	DZ5-20/330FSH	10A	1
QF2	低压断路器	DZ5-20/330H	0.3~0.45A	1
QF3	低压断路器	DZ5-20/330H	6.5A	1
YA	二位六通电磁阀	MFJ1-3	线圈电压 110V	1
TC	控制变压器	BK-150	380/110、24、6V	1
SB1	总停止按钮	LAY3-11ZS/1	红色	1
SB3、SB6、SB7	按钮	LA19-11D	带指示灯按钮（HL2~HL4）	3
SB2、SB4、SB5	按钮	LA19-11		3
SQ1	上下限位组合开关	HZ4-22		1
SQ2、SQ3	位置开关	LX5-11		2
SQ4	位置开关	LX3-11K		1
SQ5	门控开关	JWM6-11		1
HL1	指示灯	XD1	6V	1
EL	工作灯	JC-25	40W，24V	1

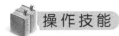

一、Z3040 型摇臂钻床典型故障分析与检修

摇臂钻床电气控制的重点和难点环节是摇臂的升降、立柱与主轴箱的夹紧和松开。

Z3040 型摇臂钻床的工作过程是由电气、机械及液压系统紧密配合实现的。因此，在维修中不仅要注意电气部分能否正常工作，还要关注它与机械、液压部分的协调关系。

1. 摇臂不能上升但能下降

摇臂能下降但不能上升，表明摇臂和立柱松开部分电路正常。按下 SB4 若接触器 KM2 能吸合，而摇臂不能上升，故障发生在接触器 KM2 主回路或控制回路 18 区摇臂上升电路中。其故障检测流程如图 11.4 所示。

提示：Z3040 型摇臂钻床试车顺序是先试主轴电动机 M1 运转是否正常，以此判断机床电源是否正常；其次试立柱与主轴箱的松开与夹紧是否正常，以此判断 KM4、KM5 线圈支路以及液压泵电动机 M3 运转是否正常；最后才是试摇臂能否上下。

2. 摇臂不能上升也不能下降

摇臂上升或下降之前、应先将摇臂与立柱松开。摇臂不能上升、下降，应试立柱与主轴箱能否放松，若也不能放松，故障多出在接触器 KM4 线圈支路；若

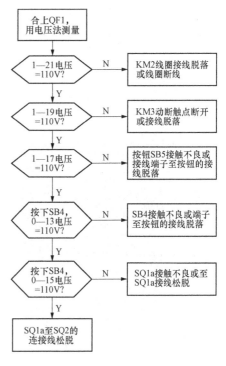

图 11.4 故障检测流程（一）

能放松，则应重点检查断电延时时间继电器 KT 是否吸合，电磁阀 YA 是否得电，以及 KT 的瞬时闭合动合触点、SQ2 位置开关是否压下等。摇臂上升或下降顺序动作特征明显，可按继电器动作状态（根据动作吸合声音）、液压泵工作声音，判断出故障的大致位置。故障检测流程如图 11.5 所示。

3. 摇臂升降后不能夹紧（或升降后没有夹紧过程）

摇臂升降后的夹紧过程是自动进行的，若升降后摇臂没有夹紧动作过程，表明控制电路中接触器 KM5 支路（22 区）或 KM5 主电路有故障；摇臂夹紧动作的结束是由位置开关 SQ3 被活塞杆压下来完成的，如果 SQ3 动作过早，尚未充分将摇臂夹紧就切断了 KM5 线圈支路，使 M3 停转。

排除故障时，首先判断松开 SB4（或 SB5）1~3s 后 KM5、液压泵 M3 是否动作；然后打开侧壁龛箱盖判断是液压系统故障（如活塞杆阀芯卡死或油路堵塞造成的夹紧力不够），还是电气方面 SQ3 动作距离不当或 SQ3 固定螺钉松动故障。

4. 摇臂升降后夹紧过度（液压泵 M3 一直运转）

摇臂升降完毕，自动夹紧过程不停，表明位置开关没有正常动作。打开侧壁龛箱盖，观察活塞杆是否将 SQ3 压下。如果已被压下，说明 SQ3 动断触点短接，或时间继电器 KT 瞬时闭合延时断开动合触点粘连。若未被压下，通过调整板调整 SQ3 位置或固定松动了的螺钉，

使 SQ3 正常动作。

5. 立柱与主轴箱不能夹紧与松开

应先检查 FR2 动断触点及其连线是否松脱、SB6（SB7）接线是否良好。若接触器 KM4、KM5 动作正常，M3 运转正常，表明电气线路工作正常，故障在液压、机械部分（油路堵塞）。

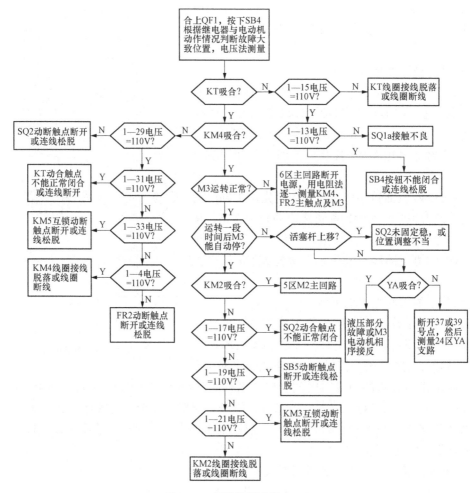

图 11.5　故障检测流程（二）

提示：液压泵电动机 M3 的相序不能接错，否则夹紧装置该夹紧时反而松开，该松开时反而夹紧，摇臂也不能升降。可通过按下立柱与主轴箱的松开按钮 SB6 后，主轴箱与摇臂的夹紧或放松状态、指示灯 HL3 或 HL4 指示情况判断。

Z3040 型摇臂钻床配电箱元器件位置与接线图如图 11.6 所示。

二、文件整理和记录

1. 填写检修记录单

检修记录单一般包括设备编号、设备名称、故障现象、故障原因、维修方法、维修日期等项目，见表 11.2。记录单可清楚表示出设备运行和检修情况，为以后设备运行和检修提供依据，请一定认真填写。

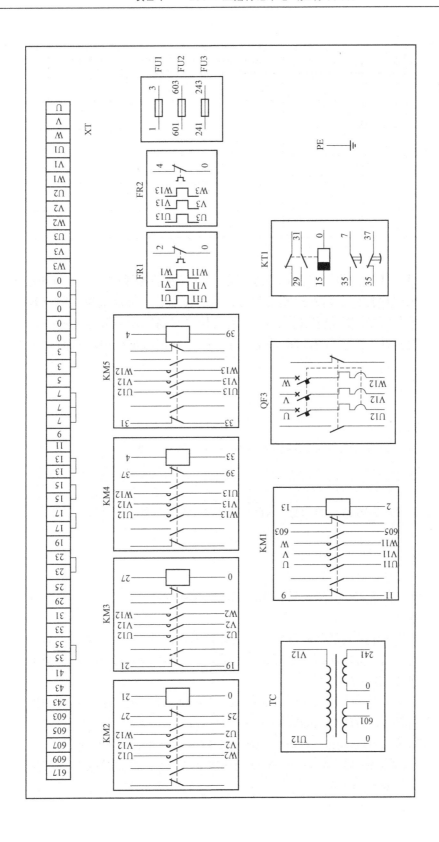

图 11.6 Z3040 型摇臂钻床配电箱元器件位置与接线图

表 11.2　　　　　　　　　　　　检 修 记 录 单

序号	代号	设备名称	故障现象	故障原因	维修方法	维修日期
1						
2						
3						
4						
5						
6						

2. 文件存档

设备制作调试完成后，将设备的电气原理图、电气安装接线图、器件材料配置清单、检修记录等材料按顺序排好，装入档案袋存档。设备使用者，可以根据这些资料，了解设备的原理、组成设备、器件数量及生产厂家。若使用中设备出现故障修要检修，尽量使用同型号、同规格的器件。检修后填写检修记录单，将检修记录单按照填写的先后顺序排好留存。

技能训练

一、训练目的

掌握 Z3040 型摇臂钻床电气控制线路的故障分析与检修方法。

二、训练器材

1. 工具

试电笔、电工刀、尖嘴钳、斜口钳、剥线钳、螺钉旋具、活扳手等。

2. 仪表

万用表、绝缘电阻表、钳形电流表。

3. 机床

Z3040 型摇臂钻床或 Z3040 型摇臂钻床模拟电气控制台。

三、训练内容

针对典型故障分析中涉及的故障现象设置已知故障点，试车检测并排除；针对以下故障现象分析故障范围，编写检修流程，合理设置故障点，按照规范检修步骤排除故障。

（1）主轴电动机 M1 不能起动。

提示：由于机床采用了"开门断电"的门控保护电路，采用电压法进行测量时，应将门控位置开关按下并锁住，方能合上 QF1。

（2）按下 SB6 立柱与主轴箱能松开，但按下 SB7 立柱与主轴箱不能夹紧。

提示：KM5 线圈支路（22 区）与 YA 支路（24 区）电路有并联特点，故障测量应人为断开一点。

（3）摇臂能上升但不能下降。

（4）按下摇臂上升或下降按钮，听到液压泵电动机运转声音正常，但摇臂不能上升也不能下降。

提示：在检测故障时注意观察机床的动作状况，注意辨别继电器动作吸合声音以及电动机工作声音，根据声音再行判断检测可得到事半功倍的效果。

（5）图 11.7 所示为 Z525 型立式钻床电气控制电路。现有故障现象如下：合上开关后，主轴电动机不能正转起动，试根据故障现象分析故障可能原因及处理方法。

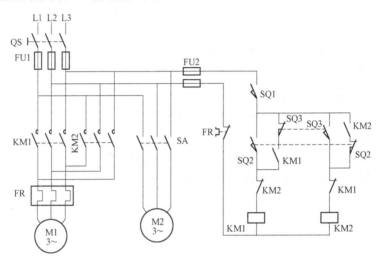

图 11.7　Z525 型立式钻床电气控制电路

项目考核

一、判断题

1．Z3040 型摇臂钻床主轴的旋转运动和进给运动，由接触器 KM1 控制。　　　　（　　）

2．主轴电动机只能单方向旋转，其正反转控制、变速和变速系统的润滑都是通过操纵机构与液压系统实现。　　　　（　　）

3．摇臂的松开与夹紧则通过夹紧机构电动系统来实现。　　　　（　　）

4．摇臂的升降没有限位保护。　　　　（　　）

5．液压泵电动机 M3 受接触器 KM2、KM5 控制。　　　　（　　）

6．热继电器 FR2 为 M1 提供过载保护。　　　　（　　）

7．冷却泵电动机 M4 由断路器 QF3 直接控制。　　　　（　　）

8．摇臂升降与其夹紧机构动作之间插入时间继电器 KT，使得摇臂升降得以自动完成。　　　　（　　）

9．升降电动机 M3 切断电源后，需延时一段时间才能使摇臂夹紧，避免了因升降机构的惯性，而直接夹紧所产生的抖动现象。　　　　（　　）

10．Z3040 型摇臂钻床立柱顶上没有汇流环装置，消除了因汇流环接触不良带来的故障。　　　　（　　）

11．Z3040 型摇臂钻床具有"开门断电"功能。　　　　（　　）

12．按下立柱和主轴箱夹紧按钮 SB7，接触器 KM3 得电吸合，M3 反转，液压油经二位

六通阀重新抽回立柱和主轴箱夹紧油腔，使立柱和主轴箱夹紧装置夹紧。　　　（　　）

13．组合开关 SQ1a、SQ1b 作为摇臂升降的超程限位保护。　　　　　　　　（　　）

14．扳动断路器 QF2，就可接通和断开冷却泵 M4 电动机电源，对其直接控制。（　　）

15．Z35 型摇臂钻床控制线路中电气元件的动作由十字开关 SA 来完成。十字开关有六对触点，在任何时间内只能有一对触点接通，使摇臂与主轴电动机不能同时运转。（　　）

16．要使 Z35 型摇臂钻床工作，十字形开关必须首先扳向零电压保护，使 KA 吸合并自锁，然后扳向工作位置才能工作。　　　　　　　　　　　　　　　　　　（　　）

二、选择题

1．时间继电器 KT 线圈开路，按下摇臂上升按钮，摇臂（　　）。
　　A．能正常上升　　　　　　　　　　B．不能上升
　　C．能上升但摇臂与立柱未松开

2．立柱与主轴箱松开后，主轴箱在摇臂上的移动靠（　　）。
　　A．转动手轮　　　　　　　　　　　B．电动机驱动
　　C．液压驱动　　　　　　　　　　　D．以上都不对

3．工件作旋转，刀具作进给运动的机床是（　　）。
　　A．钻床　　　　B．车床　　　　C．磨床　　　　D．铣床

4．加工键槽通常用（　　）。
　　A．钻床　　　　B．车床　　　　C．磨床　　　　D．铣床

5．Z3040 型摇臂钻床中使用了一个时间继电器，它的作用是（　　）。
　　A．升降机构上升定时
　　B．升降机构下降定时
　　C．夹紧时间控制
　　D．保证升降电动机完全停止的延时

6．Z3040 型摇臂钻床中，如果行程开关 SQ4 调整不当，夹紧后仍然不动作，则会造成（　　）。
　　A．升降电动机过载　　　　　　　　B．液压泵电动机过载
　　C．主电动机过载　　　　　　　　　D．冷却崩电动机过载

7．照明电路的电源由控制变压器 TC 降压后提供（　　）V 电源，由熔断器 FU2 提供短路保护。
　　A．6　　　　B．12　　　　C．24　　　　D．36

8．指示电路的电源由控制变压器 TC 降压后提供（　　）V 电源，由熔断器 FU3 提供短路保护。
　　A．6　　　　B．12　　　　C．24　　　　D．36

9．摇臂的自动夹紧由位置开关（　　）SQ3 控制。
　　A．SQ1　　　　B．SQ2　　　　C．SQ3　　　　D．SQ4

10．为了避免十字开关手柄扳在任何工作位置时接通电源而产生错误动作，设有（　　）保护环节。
　　　A．熔断器　　　B．零电压　　　C．限位　　　D．断路器

11．按下立柱和主轴箱松开按钮 SB6，KM4 线圈得电，（　　）正向运转，液压油经二

位六通阀进入立柱和主轴松开油腔，立柱和主轴箱加紧装置松开。

    A. M1　　　　　B. M2　　　　　C. M3　　　　　D. M4

12. 热继电器 FR1 对（　　）作过载保护。

    A. M1　　　　　B. M2　　　　　C. M3　　　　　D. M4

13. 摇臂的升降由接触器 KM2、KM3 控制（　　）实现。

    A. M1　　　　　B. M2　　　　　C. M3　　　　　D. M4

三、简答题

1. 按下 Z3040 型摇臂钻床的摇臂下降按钮 SB5，写出摇臂下降的控制流程。

2. Z3040 型摇臂钻床大修后，若摇臂升降电动机 M2 的三相电源相序接反会发生什么事故？试车时应如何检测？

3. Z3040 型摇臂钻床大修后，若 SQ3 安装位置不当，会出现什么故障？

四、技能题

1. Z35 型摇臂钻床电气控制电路检修

如图 11.8 所示 Z35 型摇臂钻床电气控制电路，由主线路、控制线路和照明线路三大部分构成。控制线路中电气元件的动作由十字开关 SA（LS）来完成。十字开关有四对触点，在任何时间内只能有一对触点接通，使摇臂与主轴电动机不能同时运转。

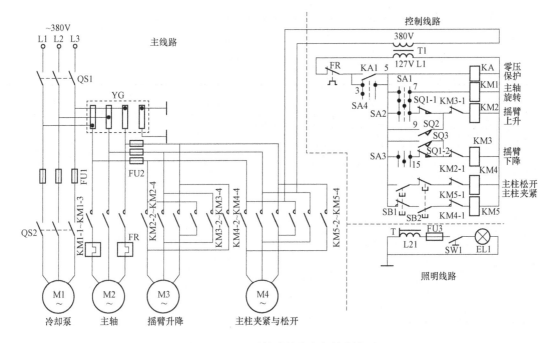

图 11.8　Z35 型摇臂钻床电气控制电路

为了避免十字开关手柄扳在任何工作位置时接通电源而产生错误动作，设有零电压保护环节（连锁装置）。要使机床工作，十字形开关必须先扳向零电压保护，使 KA 吸合并自锁，再扳向工作位置才能工作。

现有如下故障，Z35 型钻床摇臂可受控制到最低位停止，但无法受控上升，试根据故障现象分析故障原因及处理方法。

2. 考核要求与评分标准（见表 11.3）

表 11.3　　　　　　　　　　　　　考核要求与评分标准

序号	考核内容	考核要求	评分标准	配分	扣分	得分
1	故障分析	准确分析故障原因	（1）不能根据试车状况说出故障现象，扣 5~10 分 （2）不能标出最小故障范围，每个故障扣 5 分 （3）标不出故障线段或错标在故障回路以外，每项扣 5 分	30 分		
2	排除故障	（1）操作合理 （2）仪表使用正确 （3）正确排除故障	（1）停电不验电，扣 5 分 （2）损坏电器元件，扣 40 分 （3）仪表使用确，每次扣 5 分 （4）故障排除方法、步骤不正确，扣 10 分 （5）查出故障，但不能排除，每个扣 20 分 （6）不能查出故障，每个扣 35 分 （7）扩大故障范围或产生新的故障，每个扣 40 分	60 分		
3	安全文明生产	按生产规程操作	违反安全文明生产规程，扣 10 分	10 分		
4	定额工时	30min	每超 5min，扣 5 分			
起始时间			合计	100 分		
结束时间			教师签字		年　月　日	

项目十二　M7130型平面磨床电气控制与实现

🎓 **知识目标**

（1）熟悉 M7130 型磨床的加工形式和特点，掌握电路工作原理。

（2）清楚元器件的位置及布线走向。

🎓 **能力目标**

能根据故障现象分析故障原因并排除。

☕ **知识准备**

磨床是用砂轮的周边或端面对工件的表面进行机械加工的一种精密机床。其根据用途不同可分为平面磨床、内圆磨床、外圆磨床、无心磨床等。

M7130 型平面磨床是平面磨床中使用较普遍的一种机床，其作用是用砂轮磨削加工各种零件的平面。它操作方便，磨削准确度和粗糙度都比较高，适于磨削精密零件和各种工具，并可作镜面磨削。

一、M7130 型平面磨床的基本结构

M7130 型平面磨床型号的含义为：

M——磨床
7——平面
M——卧轴矩台式
30——工作台的工作面宽为300mm

M7130 型平面磨床是卧轴矩形工作台式，主要由床身、工作台、电磁吸盘、砂轮架（又称磨头）、滑座和立柱等部分组成。其外形和结构图如图 12.1 所示。

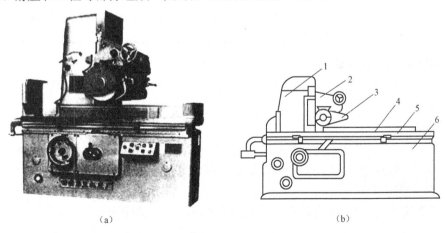

（a）　　　　　　　　　　　　（b）

图 12.1　M7130 型平面磨床外形图

（a）外形实物图；（b）结构示意图

1—立柱；2—滑座；3—砂轮架；4—电磁吸盘；5—工作台；6—床身

二、M7130 型平面磨床主要运动形式和控制要求

M7130 型平面磨床的主运动是砂轮的快速旋转，辅助运动是工作台的纵向往复运动以及砂轮的横向和垂直进给运动。

工作台每完成一次纵向往返运动，砂轮架横向进给一次，从而能连续地加工整个平面。当整个平面磨完一遍后，砂轮架在垂直于工件表面的方向移动一次，称为吃刀运动。通过吃刀运动，可将工件尺寸磨到所需的尺寸。

M7130 型平面磨床的主要运动形式及控制要求见表 12.1。

表 12.1　　　　　　　　　　M7130 型平面磨床的主要运动形式及控制要求

运动种类	运动形式	控 制 要 求
主运动	砂轮的高速旋转	（1）为保证磨削加工质量，要求砂轮有较高的转速，通常采用两极笼型异步电动机拖动 （2）为提高主轴的刚度，简化机械结构，采用装入式电动机，将砂轮直接装到电动机轴上
进给运动	工作台的往复运动（纵向进给）	（1）液压传动，因液压传动换向平稳，易于实现无级调速。液压泵电动机 M3 拖动液压泵，工作台在液压作用下作纵向运动 （2）由装在工作台前侧的换向挡铁碰撞床身上的液压换向开关控制工作台进给方向
	砂轮架的横向（前后）进给	（1）在磨削的过程中，工作台换向一次，砂轮架就横向进给一次 （2）在修正砂轮或调整砂轮的前后位置时，可连续横向移动 （3）砂轮架的横向进给运动可由液压传动，也可用手轮来操作
	砂轮架的升降运动（垂直进给）	（1）滑座沿立柱的导轨垂直上下移动，以调整砂轮架的上下位置，或使砂轮磨入工件，以控制磨削平面时工件的尺寸 （2）垂直进给运动是通过操作手轮由机械传动装置实现的
辅助运动	工件的夹紧	（1）工件可以用螺钉和连接片直接固定在工作台上 （2）在工作台上也可以装电磁吸盘，将工件吸附在电磁吸盘上，此时要有充磁和退磁控制环节。为保证安全，电磁吸盘与三台电动机 M1、M2、M3 之间有电气连锁装置，即电磁吸盘吸合后，电动机才能起动；电磁吸盘不工作或发生故障时，三台电动机均不能起动
	工作台的快速移动	工作台能在纵向、横向和垂直三个方向快速移动，由液压传动机构实现
	工件的夹紧与放松	由人力操作
	工件冷却	冷却泵电动机 M2 拖动冷却泵旋转供给冷却液；要求砂轮电动机 M1 和冷却泵电动机 M2 要实现顺序控制

三、M7130 型平面磨床工作原理

M7130 型平面磨床电路图如图 12.2 所示。该电路分为主电路、控制电路、电磁吸盘电路和照明电路四部分。

1. 主电路分析

QS1 为电源开关。主电路中有三台电动机，其中 M1 为砂轮电动机，M2 为冷却泵电动机，M3 为液压泵电动机，其控制和保护电器见表 12.2。

2. 控制电路分析

控制电路采用交流 380V 电压供电，由熔断器 FU2 作短路保护。

当转换开关 QS2 的动合触点（6 区）闭合，或电磁吸盘得电工作，欠电流继电器 KA 线圈得电吸合，其动合触点（8 区）闭合时，接通砂轮电动机 M1 和液压泵电动机 M3 的控制电路，砂轮电动机 M1 和液压泵电动机 M3 才能起动，进行磨削加工。

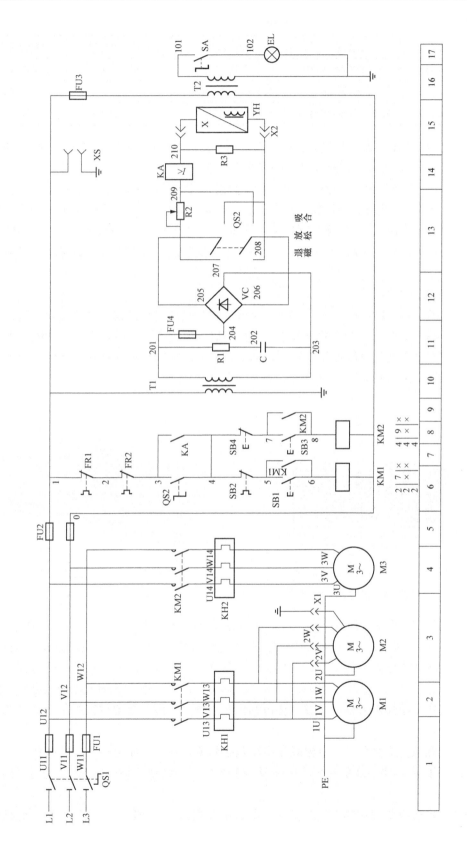

图 12.2　M7130 型平面磨床电路图

表 12.2　　　　　　　　　　　　　主电路的控制和保护电器

名称及代号	作用	控制电器	过载保护电器	短路保护电器
砂轮电动机 M1	拖动砂轮高速旋转	接触器 KM1	热继电器 KH1	熔断器 FU1
冷却泵电动机 M2	供应冷却液	接触器 KM1 和接插器 X	无	熔断器 FU1
液压泵电动机 M3	为液压系统提供动力	接触器 KM2	热继电器 KH2	熔断器 FU1

砂轮电动机 M1 和液压泵电动机 M3 都采用了接触器自锁正转控制线路，SB1、SB3 分别是它们的起动按钮，SB2、SB4 分别是它们的停止按钮。

（1）液压电动机控制。在 QS2 或 KA 的动合触点闭合情况下，按下 SB3，KM2 线圈通电，其辅助触点（9 区）闭合自锁，M3 旋转，如需液压电动机停止，按停止按钮 SB4 即可。

（2）砂轮和冷却泵电动机控制在 QS2 或 KA 的动合触点闭合情况下，按下 SB1，KM1 线圈通电，其辅助触点（7 区）闭合自锁，M1 和 M2 旋转，按下 SB2，砂轮和冷却泵电动机停止。

3. 电磁吸盘电路

电磁吸盘是用来固定加工工件的一种夹具。它与机械夹具比较，具有夹紧迅速、操作快速简便、不损伤工件、一次能吸牢多个小工件，以及磨削中工件发热可自由伸缩、不会变形等优点。其不足之处是只能吸住铁磁材料的工件，不能吸牢非磁性材料（如铝、铜等）的工件。电磁吸盘原理结构如图 12.3 所示，其外形如图 12.4 所示。

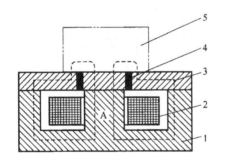　　　

图 12.3　电磁吸盘原理结构图　　　　　　　　　图 12.4　电磁吸盘外形图

1—钢制吸盘体；2—线圈；3—钢制盖板；4—隔磁层；5—工件

（1）电磁吸盘构造及原理。电磁吸盘线圈通以直流电，使芯体被磁化，将工件牢牢吸住。图 12.3 中 1 为钢制吸盘体，在它的中部凸起的芯体 A 上绕有线圈 2，钢制盖板 3 被隔磁层 4 隔开。在线圈 2 中通入直流电流，芯体磁化。磁通经由盖板、工件、盖板、吸盘体、芯体 A 形成闭合回路，将工件 5 牢牢吸住。盖板中的隔磁层由铅、钢、黄铜及巴氏合金等非磁性材料制成，其作用是使磁力线都通过工件再回到吸盘体，不致直接通过盖板闭合，以增强对工件的吸持力。

（2）电磁吸盘电路分析。电磁吸盘电路包括整流电路，控制电路和保护电路三部分。

整流变压器 T1 将 220V 的交流电压降为 145V，然后经桥式整流器 VC 后输出 110V 直流电压。

QS2 是电磁吸盘 YH 的转换开关（又称退磁开关），有"吸合""放松"和"退磁"三个位置。

电磁吸盘电路的工作过程如下：

QS2扳至"吸合"位置 ──→ 触点(205—206)和(208—209)闭合 ──┐
　　　┌──→ 电磁吸盘YH通电 ──→ 工件被牢牢吸住
　　　└──→ 欠电流继电器KA线圈得电 ──→ KA(3-4)闭合 ──→ 接通砂轮和液压电动机控制电路
工件加工完毕，先把QS2扳至"放松"位置 ──→ 切断电磁吸盘YH的直流电源┐
　　　──→ 再将QS2扳至"退磁"位置(因工具有剩磁而不能取下) ──┐
　　　──→ 触点(205-206)和(207-208)闭合 ──→ 电磁吸盘YH通入较小的反向电流进行退磁 ──→
　　　退磁结束，将QS2扳回到"放松"位置，将工件取下

如果有些工件不易退磁时，可将附件退磁器的插头插入插座 XS，使工件在交变磁场的作用下进行退磁。

若将工件夹在工作台上，而不需要电磁吸盘时，则应将电磁吸盘 YH 的 X2 插头从插座上拔下，同时将转换开关 QS2 扳到"退磁"位置，这时接在控制电路中 QS2 的动合触点（6区）闭合，接通电动机的控制电路。

电磁吸盘的保护电路是由放电电阻 R3 和欠电流继电器 KA 组成。因为电磁吸盘的电感很大，当电磁吸盘从"吸合"状态转变为"放松"状态的瞬间，线圈两端将产生很大的自感电动势，易使线圈或其他电器由于过电压而损坏。电阻 R3 的作用是在电磁吸盘断电瞬间给线圈提供放电通路，吸收线圈释放的磁场能量。欠电流继电器 KA 用以防止电磁吸盘断电时工件脱出发生事故。

电阻 R1 与电容器 C 的作用是防止电磁吸盘回路交流侧的过电压。熔断器 FU4 为电磁吸盘提供短路保护。

（3）照明电路。照明变压器 T2 将 380V 的交流电压降为 36V 的安全电压供给照明电路。EL 为照明灯，一端接地，另一端由开关 SA 控制。熔断器 FU3 作照明电路的短路保护。

操作技能

一、M7130 型平面磨床电气控制线路的安装与调试

1. 工具、仪表、器材及元器件

（1）工具：电工常用工具。

（2）仪表：MF47 型万用表、500V 绝缘电阻表、钳形电流表等。

（3）器材：控制板、走线槽、各种规格的软线和紧固件、金属软管、编码套管等。

（4）M7130 型平面磨床所需元器件见表 12.3。

2. M7130 型平面磨床元件位置图及接线图

M7130 型平面磨床元件位置图如图 12.5 所示。图 12.6 所示为 M7130 型平面磨床接线图。

3. 安装步骤及工艺要求

（1）选配并检验元件和电气设备。

1）按表 12.3 配齐电气设备和元件，并逐个检验其规格和质量。

2）根据电动机的容量、线路走向及要求和各元件的安装尺寸，正确选配导线的规格、导线通道类型和数量、接线端子板、控制板、紧固体等。

表 12.3　　　　　　　　　　　M7130 型平面磨床元件明细表

代号	名称	型号	规格	数量	用途
M1	砂轮电动机	W451-4	4.5kW，220/380V，1440 r/min	1	驱动砂轮
M2	冷却泵电动机	JCB-22	125W，220/380V，2790 r/min	1	驱动冷却泵
M3	液压泵电动机	J042-4	2.8kW，220/380V，1450 r/min	1	驱动液压泵
QS1	电源开关	HZ1-25/3		1	引入电源
QS2	转换开关	HZ1-10P/3		1	控制电磁吸盘
SA	照明灯开关			1	控制照明灯
FUl	熔断器	RLl-60/30	60A，熔体 30A	3	电源保护
FU2	熔断器	RLl-15/5	15A，熔体 5A	2	控制电路短路保护
FU3	熔断器	BLX-1	1A	1	照明电路短路保护
FU4	熔断器	RLl-15/2	15A，熔体 2A	1	保护电磁吸盘
KM1	接触器	CJ10-10	线圈电压 380V	1	控制 M1
KM2	接触器	CJ10-10	线圈电压 380V	1	控制 M3
KH1	热继电器	JR10-10	整定电流 9.5A	1	M1 过载保护
KH2	热继电器	JR10-10	整定电流 6.1A	1	M3 过载保护
T1	整流变压器	BK-400	400V・A，220/145V	1	降压
T2	照明变压器	BK-50	50V・A，380/36V	1	降压
VC	硅整流器	GZH	1A，200V	1	输出直流电压
YH	电磁吸盘		1.2A，110V	1	工件夹具
KA	欠电流继电器	JT3-11L	1.5A	1	保护用
SB1	按钮	LA2	绿色	1	起动 M1
SB2	按钮	IA2	红色	1	停止 M1
SB3	按钮	IA2	绿色	1	起动 M3
SB4	按钮	LA2	红色	1	停止 M3
R1	电阻器	GF	6W，125Ω	1	放电保护电阻
R2	电阻器	GF	50W，1000Ω	1	退磁电阻
R3	电阻器	GF	50W，500Ω	1	放电保护电阻
C	电容器		600V，5μF	1	保护用电容
EL	照明灯	JD3	24V，40W	1	工作照明
Xl	接插器	CY0-36		1	控制 M2 用
X2	接插器	CY0-36		1	电磁吸盘用
XS	插座		250V，5A	1	退磁器用
附件	退磁器	TClTH/H		1	工件退磁用

（2）按接线图在控制板上固定电器元件和走线槽，并在电器元件附近做好与电路图上相同代号的标记。

安装走线槽时，应做到横平竖直、排列整齐匀称、安装牢固和便于走线等。

（3）在控制板上进行板前线槽配线，并在导线端部套编码套管。按板前线槽配线的工艺要求进行。

（4）进行控制板外的元件固定和布线。

1）选择合理的导线走向，做好导线通道的支持准备。

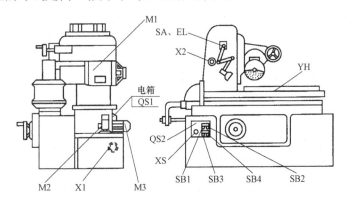

图 12.5　M7130 型平面磨床元件位置图

2）控制箱外部导线的线头上要套装与电路图相同线号的编码套管；可移动的导线通道应留适当的余量。

3）按规定在通道内放好备用导线。

（5）自检。

1）根据电路图检查电路的接线是否正确和接地通道是否具有连续性。

2）检查热继电器的整定值和熔断器中熔体的规格是否符合要求。

3）检查电动机及线路的绝缘电阻。

4）检查电动机的安装是否牢固，与生产机械传动装置的连接是否可靠。

5）清理安装现场。

（6）通电试车。

1）接通电源，点动控制各电动机的起动，以检查各电动机的转向是否符合要求。

2）先空载试车，正常后方可接上电动机试车。空载试车时，应认真观察各电器元件、线路、电动机及传动装置的工作是否正常。发现异常，应立即切断电源进行检查，待调整或修复后方可再次通电试车。

4. 注意事项

（1）电动机和线路的接地要符合要求。严禁采用金属软管作为接地通道。

（2）在控制箱外部进行布线时，导线必须穿在导线通道或敷设在机床底座内的导线通道里，导线的中间不允许有接头。

（3）试车时，要先合上电源开关，后按起动按钮；停车时，要先按停止按钮，后断电源开关。

（4）通电试车必须在教师的监护下进行，必须严格遵守安全操作规程。

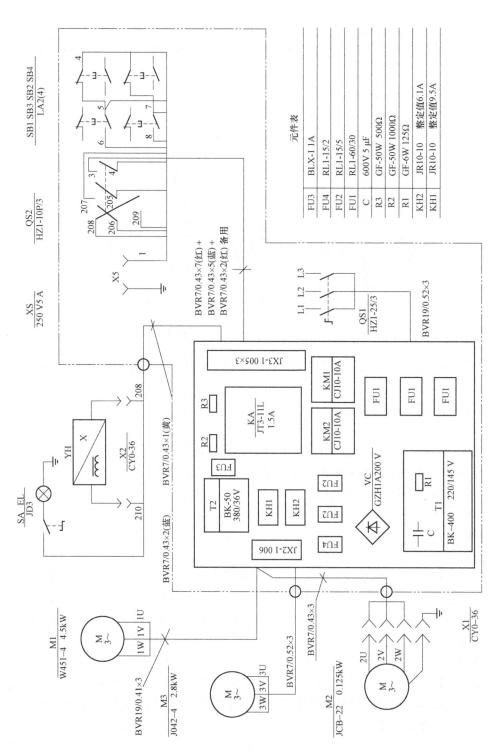

图 12.6 M7130 型平面磨床元器件布置与接线图

二、M7130型平面磨床电气控制线路检修

1. 工具

试电笔、电工刀、尖嘴钳、斜口钳、剥线钳、螺钉旋具、活扳手等。

2. 仪表

万用表、绝缘电阻表、钳形电流表。

3. 机床

M7130型平面磨床或模拟电气控制台。

4. 部分故障检修步骤

（1）电磁吸盘无吸力。若照明灯EL正常工作而电磁吸盘无吸力，故障检修流程如图12.7所示。

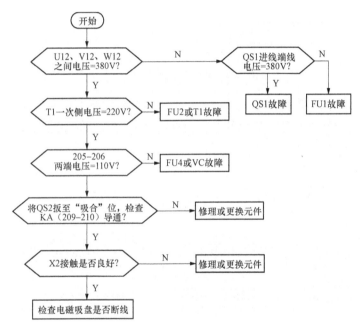

图 12.7　故障检修流程（一）

提示：在故障测量时，对于同一个线号至少有两个相关接线连接点，应根据电路逐一测量，判断是属于连接点处故障还是同一线号两连接点之间的导线故障。另外，吸盘控制电路还有其他元件，应根据电路测量各点电压，判断故障位置，进行修理或更换。

（2）砂轮电动机的热继电器FR1经常脱扣，故障检修程序如图12.8所示。

砂轮电动机M1为装入式电动机，它的前轴承是铜瓦，易磨损。前轴承磨损后易发生堵转现象，使电流增大，导致热继电器脱扣。

（3）三台电动机不能起动，故障检测程序如图12.9所示。

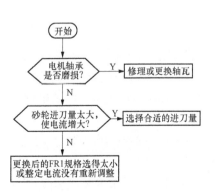

图 12.8　故障检修流程（二）

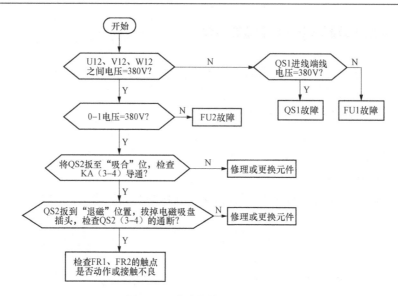

图 12.9　故障检修流程（三）

提示：控制电路的故障检测尽量采用电压法，当故障测量到后应断开电源再排除。

（4）电磁吸盘退磁不充分，使工件取下困难，故障检修流程如图 12.10 所示。

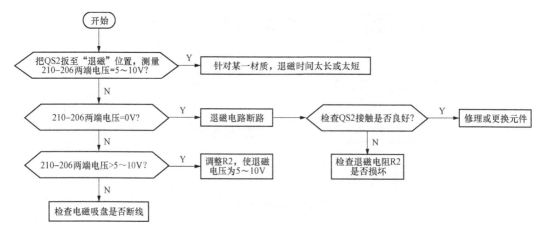

图 12.10　故障检修流程（四）

提示：对于不同材质的工件，所需的退磁时间不同，注意掌握好退磁时间。

（5）工作台不能往复运动。液压泵电动机 M3 未工作，工作台不能做往复运动；当液压泵电动机运转正常，电动机旋转方向正确，而工作台不能往复运动时，故障在液压传动部分。

（6）电磁吸盘吸力不足。引起这种故障的原因是电磁吸盘损坏或整流器输出电压不正常造成的。

M7130 型平面磨床电磁吸盘的电源电压由整流器 VC 供给。空载时，整流器直流输出电压应为 130～140V，负载时不应低于 110V。若整流器空载输出电压正常，带负载时电压远低于 110V，则表明电磁吸盘线圈已短路，一般需更换电磁吸盘线圈。

电磁吸盘电源电压不正常，大多是因为整流元件短路或断路造成的，应检查整流器 VC

的交流侧电压及直流侧电压。若交流侧电压正常，直流输出电压不正常，则表明整流器发生元件短路或断路故障，可用万用表测量整流器的输出及输入电压，判断出故障部位，查出故障元件，进行更换或修理即可。

在直流输出回路中加装熔断器，可避免损坏整流二极管。

三、文件整理和记录

（1）填写检修记录单。检修记录单一般包括设备编号、设备名称、故障现象、故障原因、维修方法、维修日期等项目，见表 12.4。记录单可清楚表示出设备运行和检修情况，为以后设备运行和检修提供依据，请一定认真填写。

表 12.4   检 修 记 录 单

序号	代号	设备名称	故障现象	故障原因	维修方法	维修日期
1						
2						
3						
4						
5						

（2）文件存档。设备制作调试完成后，将设备的电气原理图、电气安装接线图、器件材料配置清单、检修记录等材料按顺序排好，装入档案袋存档。设备使用者，可以根据这些资料，了解设备的原理、组成设备、器件数量及生产厂家。若使用中设备出现故障修要检修，尽量使用同型号、同规格的器件。检修后填写检修记录单，将检修记录单按照填写的先后顺序排好留存。

技能训练

如图 12.11 所示为 M7120 型平面磨床电气控制电路原理图。今有故障现象如下：合上总电源开关后，按下砂轮电动机起动按钮后，砂轮电动机不能工作。试根据故障现象分析故障原因，并说明处理方法。

项目考核

一、判断题

1. 主运动是砂轮的快速旋转。　　　　　　　　　　　　　　　　　　　　　　（　　）
2. 辅助运动是工作台的纵向往复运动以及砂轮的横向和垂直进给运动。　　（　　）
3. 工作台每完成一次纵向往返运动，砂轮架横向进给一次，从而能连续地加工整个平面。

　　　　　　　　　　　　　　　　　　　　　　　　　　　　　　　　　　　（　　）
4. 当整个平面磨完一遍后，砂轮架在垂直于工件表面的方向移动一次。　　（　　）
5. 在磨削的过程中，工作台换向一次，砂轮架就横向进给一次。　　　　　（　　）
6. 在修正砂轮或调整砂轮的前后位置时，可连续横向移动。　　　　　　　（　　）
7. 砂轮架的横向进给运动可由液压传动，也可用手轮来操作液压传动。　　（　　）

158 电气设备控制与检修（第二版）

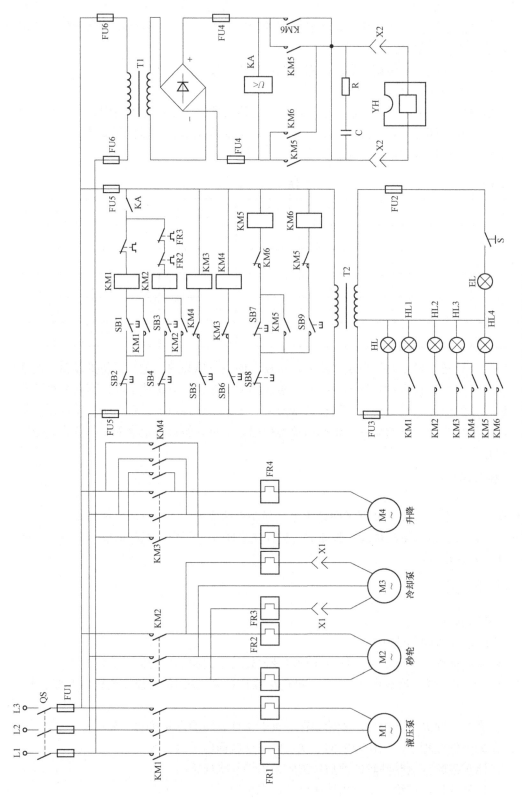

图 12.11　M7120 型平面磨床电气控制电路原理图

8. 液压传动换向平稳，易于实现无级调速。　　　　　　　　　　　　（　　）

9. 液压泵电动机 M3 拖动液压泵，工作台在液压作用下作纵向运动。　（　　）

10. 为保证安全，电磁吸盘与三台电动机 M1、M2、M3 之间有电气连锁装置，即电磁吸盘吸合后，电动机才能起动。　　　　　　　　　　　　　　　　　　（　　）

11. 控制电路采用交流 220V 电压供电，由熔断器 FU2 作短路保护。　（　　）

12. 砂轮和冷却泵电动机控制在 QS2 或 KA 的动合触点闭合情况下，按下 SB1，KM1 线圈通电，其辅助触点闭合自锁，M1 和 M3 旋转，按下 SB2，砂轮和冷却泵电动机停止。

（　　）

13. 电磁吸盘是用来固定加工工件的一种夹具。　　　　　　　　　　（　　）

14. 电磁吸盘电路中整流变压器 T1 将 220V 的交流电压降为 36V，然后经桥式整流器 VC 后输出 11V 直流电压。　　　　　　　　　　　　　　　　　　　（　　）

15. 电磁吸盘的保护电路是由放电电阻 R1 和欠电流继电器 KA 组成。　（　　）

16. 因为电磁吸盘的电感很大，当电磁吸盘从"吸合"状态转变为"放松"状态的瞬间，线圈两端将产生很大的自感电动势，易使线圈或其他电器由于过电压而损坏。　（　　）

17. 电阻 R3 的作用是在电磁吸盘断电瞬间给线圈提供放电通路，吸收线圈释放的磁场能量。　　　　　　　　　　　　　　　　　　　　　　　　　　　　　　（　　）

18. 欠电流继电器 KA 用以防止电磁吸盘断电时工件脱出发生事故。　（　　）

19. 电阻 R1 与电容器 C 的作用是防止电磁吸盘回路交流侧的过电压。　（　　）

20. 熔断器 FU4 为电磁吸盘提供短路保护。　　　　　　　　　　　　（　　）

21. 照明电路中变压器 T2 将 380V 的交流电压降为 36V 的安全电压供给照明电路。

（　　）

22. 熔断器 FU2 作照明电路的短路保护。　　　　　　　　　　　　　（　　）

二、选择题

1. 平面磨床砂轮在加工中（　　）。

　　A. 需调速　　　　　B. 不需调速　　　　　　C. 对调速可有可无

2. 能否在电磁吸盘线圈上并联续流二极管直接释放磁场能量。（　　）

　　A. 可以　　　　　　B. 不可以

3. 电磁吸盘电路中 R2 开路，会造成（　　）；R3 开路，会造成（　　）。

　　A. 吸盘不能充磁　　　　　　　　　　　B. 吸盘不能快速退磁

　　C. 不能充磁，也不能退磁

4. 插座 XS 的作用是（　　）。

　　A. 保护吸盘　　　B. 充磁　　　　　　　C. 退磁

三、简答题

1. 若熔断器 FU1 中 U 相烧断有什么现象？而 V 相和 W 相中有一相烧断又有什么现象？

2. M7130 型平面磨床电磁吸盘夹持工件有什么特点？为什么电磁吸盘要用直流电而不用交流电？

3. M7130 型平面磨床电气控制电路中，欠电流继电器 KA 和电阻 R3 的作用分别是什么？

四、技能题

1. M7130 型平面磨床安装及调试考核要求及评分标准（见表 12.5）

表 12.5　　　　　　　　　　　考核要求及评分标准

序号	考核内容	考核要求	评分标准	配分	扣分	得分
1	器材选用	元件导线等选用正确	（1）电器元件选错型号和规格，每个扣 2 分 （2）导线选用不符合要求，扣 4 分 （3）穿线管、编码套管等选用不当，每项扣 2 分	20分		
2	装前检查	合理检查元件	电器元件漏检或错检，每处扣 1 分	10分		
3	安装布线	（1）元件安装合理 （2）导线敷设规范 （3）接线正确	（1）电器元件安装不牢固，每只扣 5 分 （2）损坏电器元件，每只扣 10 分 （3）电动机安装不符合要求，每台扣 5 分 （4）走线通道敷设不符合要求，每处扣 5 分 （5）不按电路图接线，扣 20 分 （6）导线敷设不符合要求，每根扣 5 分 （7）漏接接地线，扣 10 分	30分		
4	通电试车	试车无故障	（1）热继电器未整定或整定错误，每只扣 5 分 （2）熔体规格选用不当，每只扣 5 分 （3）试车不成功，扣 30 分	30分		
5	安全文明生产	按生产规程操作	违反安全文明生产规程，扣 10 分	10分		
6	定额工时	12h	每超 5min（不足 5min 以 5min 计），扣 5 分			
起始时间			合计	100分		
结束时间			教师签字		年　月　日	

2. M7130 型平面磨床电气控制线路检修考核要求及评分标准（见表 12.6）

表 12.6　　　　　　　　　　　考核要求及评分标准

序号	考核内容	考核要求	评分标准	配分	扣分	得分
1	电磁吸盘无吸力	分析故障范围，编写检修流程，排除故障	（1）不能找出原因，扣 10 分 （2）编写流程不正确，扣 5 分 （3）不能排除故障，扣 10 分	25分		
2	砂轮电动机的热继电器 FR1 经常脱扣	分析故障范围，编写检修流程，排除故障	（1）不能找出原因，扣 10 分 （2）编写流程不正确，扣 5 分 （3）不能排除故障，扣 10 分	25分		
3	电磁吸盘吸力不足	分析故障范围，编写检修流程，排除故障	（1）不能找出原因，扣 10 分 （2）编写流程不正确，扣 5 分 （3）不能排除故障，扣 10 分	20分		
4	三台电动机不能起动	分析故障范围，编写检修流程，排除故障	（1）不能找出原因，扣 10 分 （2）编写流程不正确，扣 5 分 （3）不能排除故障，扣 10 分	20分		
5	安全文明生产	按生产规程操作	违反安全文明生产规程，扣 10 分	10分		
6	定额工时	4h	每超 5min（不足 5min 以 5min 计），扣 5 分			
起始时间			合计	100分		
结束时间			教师签字		年　月　日	

参 考 文 献

[1] 陈立定. 电气控制与可编程序控制器的原理与应用. 北京：机械工业出版社，2004.

[2] 李向东. 电气控制与 PLC. 北京：机械工业出版社，2005.

[3] 张运波. 工厂电气控制技术. 北京：高等教育出版社，2004.

[4] 张凤池. 现代工厂电气控制. 北京：机械工业出版社，2005.

[5] 余雷声. 电气控制与 PLC 运用. 北京：机械工业出版社，2005.

[6] 许翏. 电气控制与 PLC 应用. 北京：机械工业出版社，2005.

[7] 邓则名. 电器与可编程控制器应用技术. 北京：机械工业出版社，2005.

[8] 劳动和社会保障部. 电力拖动控制线路与技能训练. 北京：中国劳动社会保障出版社，2007.

[9] 何利民. 电气制图与读图. 北京：机械工业出版社，2008.

[10] 劳动和社会保障部. 维修电工. 北京：地质出版社，2003.

[11] 赵仁良. 电力拖动控制线路. 北京：中国劳动出版社，1995.

[12] 劳动和社会保障部. 常用机床电气检修. 北京：中国劳动社会保障出版社，2006.

[13] 王广惠. 电机与拖动. 北京：中国电力出版社，2007.